数字印刷设计与全介质工艺教程

丘星星 / 著

清华大学出版社
北 京

内 容 简 介

本书主要内容包含数字设计与印前技术工艺、出版印刷、数字印刷、全介质数字印刷技术与工艺、全介质数字印花设计与工艺、佳作范例解析和常见问题解答等。笔者在《印刷工艺实用教程》教材的基础上，增补了数字印花等文化创意产业创新的内容。本书注重并落实创意创新的“实用”特色，旨在探索一种适合新经济转型期亟待的行业教材的编写方式。

本书既可以作为高等院校设计类专业的教材，又可以作为从事设计与制作的人员和相关行业爱好者的参考用书和工具书。

图书在版编目（CIP）数据

数字印刷设计与全介质工艺教程 / 丘星星著. —北京：清华大学出版社，2021.3 (2023.1重印)
ISBN 978-7-302-56924-4

Ⅰ. ①数… Ⅱ. ①丘… Ⅲ. ①数字印刷—教材 Ⅳ. ① TS805.4

中国版本图书馆 CIP 数据核字（2020）第 228133 号

责任编辑：邓 艳
封面设计：星 星 刘 超
版式设计：文森时代
责任校对：马军令
责任印制：朱雨萌

出版发行：清华大学出版社
网 址：http://www.tup.com.cn，http://www.wqbook.com
地 址：北京清华大学学研大厦A座 **邮 编**：100084
社 总 机：010-83470000 **邮 购**：010-62786544
投稿与读者服务：010-62776969，c-service@tup.tsinghua.edu.cn
质量反馈：010-62772015，zhiliang@tup.tsinghua.edu.cn
印 装 者：三河市君旺印务有限公司
经 销：全国新华书店
开 本：185mm×260mm **印 张**：10.5 **字 数**：261千字
版 次：2021年3月第1版 **印 次**：2023年1月第3次印刷
定 价：69.80元

产品编号：088315-01

前 言
PREFACE

1999 年，笔者有幸应邀公派赴美国 AIU 大学洛杉矶设计学院（American Intercontinental University—Los Angeles）视觉传达专业进行教学经验交流。当时 AIU 大学的设计教育理念让我深受启迪，“以学生为本”是让我受益一生的职业教导理念。

为了不让学生成为计算机的工具，AIU 在专业教学中除配备计算机技术指导教师外，还有专门的艺术指导（Art director）监制传达设计课程，“教学大纲是为学生在商业美术和设计领域成功就业而设计的一套应用性极强的教学体系，有助于培养和拓展学生的艺术想象力，学生通过学习设计基本原理、方法逻辑以及实践应用，成为一个具有设计工作能力并能创造性地解决设计方案的合格设计家”。这是 AIU 大学为进入 21 世纪而制定的教学标准，今天同样适用于各地区的设计专业高校。

十余年来，高新技术应用推动全球的新型产业发展，数字印刷进入中国各行业领域并展示出了卓越的成果，令世界瞩目。笔者总结了 10 年前出版《印刷工艺实用教程》（清华大学出版社出版）一书的经验，分析了专业教材使用过程中的利弊，本书除数字印刷内容之外，还增补了数字印花产业的内容。本书注重并落实创意的“实用”特色，旨在探索一种适合新经济转型期亟待的行业教材的编写方式。

笔者长期担任高校设计专业本科生与硕士研究生的教学工作，在与发达国家设计专业教学的交流经验基础上，编撰平面设计与印刷类教材十余部。近年与行业同人参与全介质数码印刷技术的研发及行业推广、实验室教学应用，为该教材的构架提供创新思路，编写适合中国高等专业设计教育的行业实用技术案例型教材，旨在为中国当代新经济产业培养与输送技术型创业人才，而非仅仅是就业型人才。

本书共有 7 章，其中第 4 章的主要内容与图录由福建四方通数码印刷设备有限公司特别提供，第 5 章的产品均由该公司旗下的古菁工坊印制。在本书的编写过程中，丘熊熊总经理承担专业技术参数标配指导，以便让教材使用者易懂、易操作，我的研究生以及为本书提供图录的各位老师和同学，在此一并致谢。

本书内容涉及领域广泛，鉴于编者视野所限，错误难免，恳请诸前辈、同行不吝赐教，以期再版时修订，使之更好地服务于教学与行业之中。

丘星星

2020 年 5 月 8 日

于鹭岛中央海岸

目录
CONTENTS

第3章 数字印刷 54

第4章 全介质数字印刷技术与工艺 64

第 1 章

数字设计与印前技术工艺

1.1 制版印前基础

1.1.1 现代印刷概述

大数据时代，除了以互联网传播形式和音像电子出版物为主要媒介，大部分信息的传播仍然要借助印刷工艺。为此，美国人于1985年发明了Apple计算机DTP桌面出版系统，改变了传统的有版套色印刷术，图文印刷排版软件也不断升级，从PageMaker、QuarkXPress等，发展到今天的FreeHand、InDesign、AI、PDF等，越来越便于技术操作，出错率明显下降。

1．胶版印刷

胶版印刷是现代印刷常用的技术手段之一，主要用于长版印刷，行业内常用于印量大的印品，通常以千份作为起印量基数。在成品设计应用中必须了解并严格掌握印刷制版印前基础工艺流程的相关技术。

与平面设计成品品质紧密相关的印刷制版的印前工作，在美国印刷业的专业俚语中被称为preflight，即飞机起飞前的准备工作。顾名思义，便知其重要性，还包括一丝不苟的服务工作态度。

印刷术是一种以直接或间接的方式对原稿的图文进行复制的技术，与电影、电视、照相等图文再现的方法相比较，除具有准确、迅速等共性外，最大的特点是能够大量且低成本地在各种承印物上复制图文，使之广泛地传播和长久保存。图1-1所示是某印刷厂的印刷车间。

图1-1　某印刷厂的印刷车间

2．印刷要素

印刷是使用印版或其他方式将原稿上的图文信息转移到承印物上的工艺技术。要实现这一过程，必须具备原稿、印版、印刷油墨、承印物、印刷机械才可以完成，因此称其为印刷的五大要素。

（1）原稿。

原稿是指被印刷复制的对象，传统的原稿为各类载体上的图文信息。

随着计算机在印刷领域的应用及发展，印刷的原稿呈多样化形式。原稿是制版印刷的基础，没有原稿，印刷就无法进行。原稿的质量、类型会直接影响印刷的质量。常见的原稿类型有印刷图片（矢量图、位图）、照片、数位照片、word文档、记事本、写字板文档等。

（2）印版。

印版是用于传递油墨至承印物上的印刷图文载体。印版上吸附油墨的部分为印刷部分，也称为图文部分，排斥油墨的部分为空白部分，也称为非图文部分。平版胶印的印版，图文部分与非图文部分都称为图文版面。常用的平版有锌版（俗称平凹版）、铝版（PS 版，又称预图感光版）等。

（3）印刷油墨。

印刷油墨是在印刷过程中被转移到纸张或其他承印物上形成耐久的有色图像的物质。由于印刷方式和承印物不同，印刷油墨的选择也多种多样，如印报油墨、书刊油墨、塑料印刷油墨、荧光油墨等。图 1-2 所示为印刷油墨。

图 1-2　印刷油墨

印刷油墨的选择是否合适，往往会影响印刷的品质与机能的好坏。因此，在设计前要特别注意下列事项。

① 油墨色彩在不同纸张的再现性有所改变，直接影响印刷成品质量。因此，在选择油墨进行色彩标示时，要参考相同纸质的色票，才能印制出相同的色彩。

② 户外海报若使用一般印墨印刷，很容易褪色，宜采用抗紫外光印墨印刷。

③ 速食店的包装纸、盒上的印墨常和油质食品接触，容易溶解出毒性物质，宜采用抗油性无铅的印墨印刷，或用环保印墨。

④ 有些冷冻产品的外包装及纸杯，需使用抗水性的印墨印刷。

⑤ 化妆品、儿童玩具、婴儿用品等包装纸、盒，应采用不含铅的油墨，首选环保印材印刷。

⑥ 警告性、指示性的海报、标语、指示其字体或图案，可采用有反射光线特性的荧光油墨方能起指示性作用。

⑦ 印制各类材质不同的布料或成衣时，应选用能与面料相适合的印墨，所印图文仍能保持原来的质感，既环保又不褪色。

⑧ 各类材质容器或包装用品，应采用不易磨损且具有较强附着力的印墨，如玻璃用品、金属用品、塑胶用品等。

（4）承印物。

承印物是指接受油墨或其他黏附色料后能形成所需印刷品的各种材料，如纸张、塑料、织物等。

（5）印刷机械。

印刷机械是指用于生产印刷品的机器、设备的总称，包括制版机械、印刷机械和印后加工机械。

① 制版机械的主要功能是将原稿上的电子图文经过中间媒介（电子分色机）的色彩数据进行转换传送，将图文信息印制在印版（菲林片）上，即制版。图 1-3 所示为海德堡 CTP 制版机。

图 1-3　海德堡 CTP 制版机

② 印刷机械是利用机械进行印刷

的机器。它的主要功能是不断地用油墨涂布将印版的图文信息加压，使得印版上的墨层转移到承印物上，即获得印刷品。图 1-4 所示为海德堡印刷机。

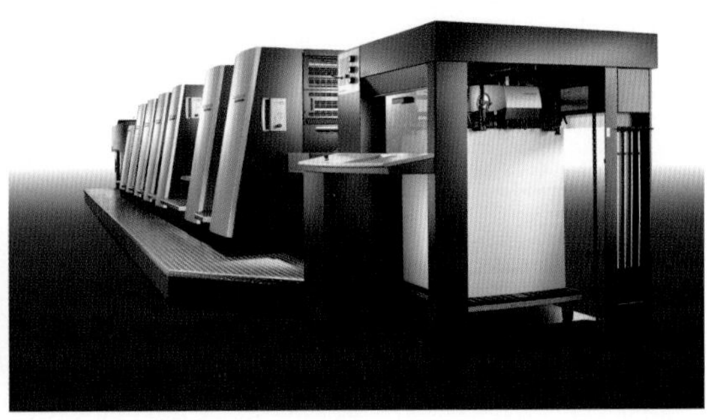

图 1-4　海德堡印刷机

③ 印后加工机械是用于印刷后按成品工艺流程加工的机器、设备的总称。按功能可分为切纸机、折页机、配页机、模切机和装订机等。图 1-5 所示为切纸机，图 1-6 所示为折页机。

3. 平版胶印

平版胶印是目前使用最多的一种印刷方式。平版印刷和凸版印刷不同，印刷表面的文字图像区域不凸起，在印刷的图文部分吸附油墨排斥水，而在非印刷图文部分吸附水排斥油墨，所以说平版胶印是利用油墨排斥的原理进行的（见图 1-7）。平版胶印就是利用间接的方式将图文部分的油墨经橡皮布再转印到承印物上的一种印刷方式（见图 1-8）。

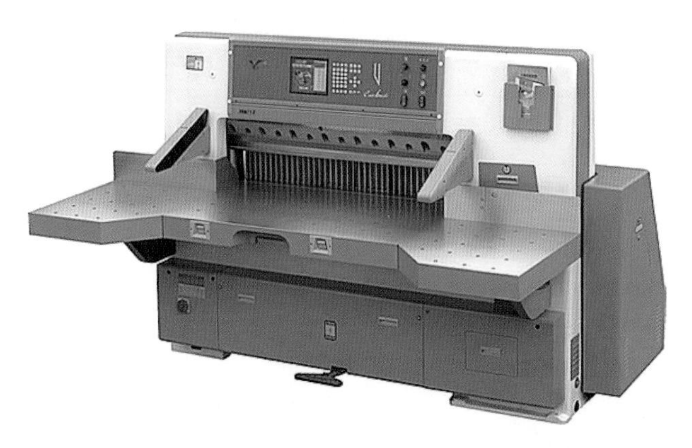

图 1-5　切纸机

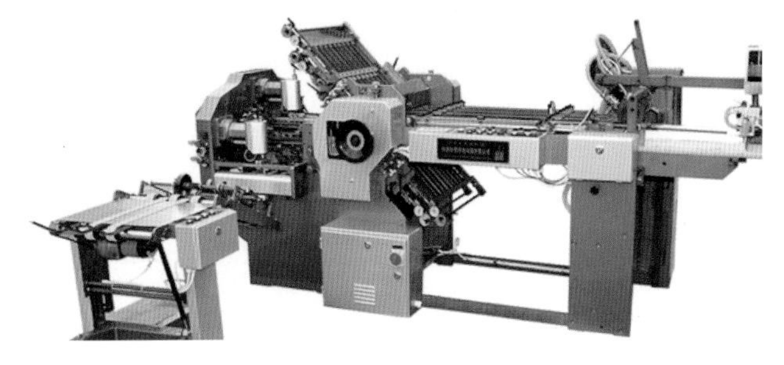

图 1-6　折页机

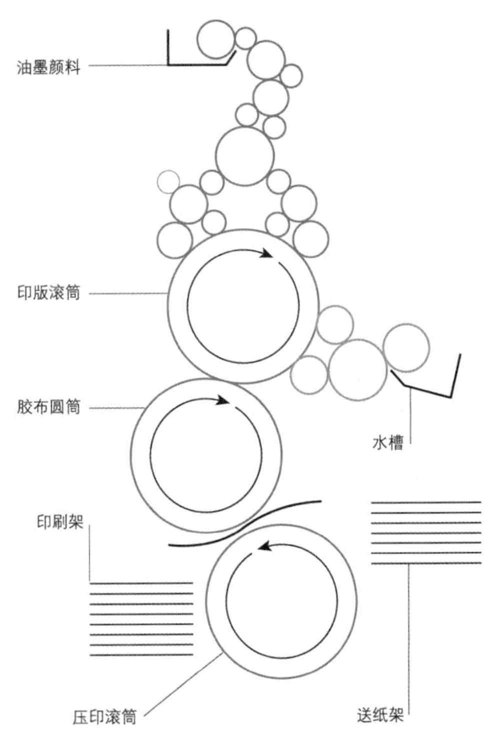

图 1-7　平版胶印机原理

4. 印前工艺流程

通常印前工艺流程大致可分为三个阶段。

印前：设计稿→图片扫描→页面设置→图片文字编辑制作→打样或彩喷（审校初稿）→拼版→菲林输出→制版→打样→校对样稿→客户签样。

印中：拼版→菲林输出→晒版→打样校色→上机印刷。图 1-9 所示为全自动高速碘镓晒版机。

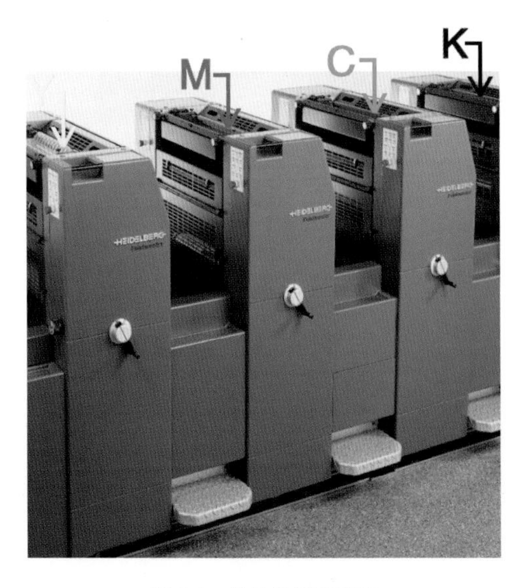

图 1-8　油墨位置和顺序

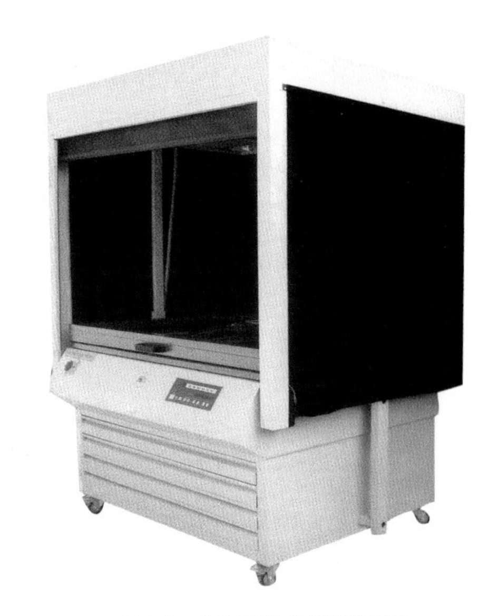

图 1-9　全自动高速碘镓晒版机

印后：印刷半成品→表面加工（UV、过光油、烫金、压凹凸、过胶（光、亚）压纹）→模切→折页→装订（锁线胶装、无线胶装、圈装、骑马订、蝴蝶装、仿手工线装等）。

1.1.2　印刷基础知识

1. 网线（像数）

用放大镜仔细观察报纸上的新闻图片和书刊中的照片图像，就会发现图中分布着许多疏密相间的圆点，圆点有序地排列形成一幅完整的图像。这些疏密有序的圆点称为网点，网点在一定长度内的排列就形成了网线，由像数决定，也可称为网线数。

网线数（由像数决定）是指印刷品在每一英寸内印刷网点的分布的数量，也可以理解为印刷网点的疏密程度。在印刷的过程中，网点的大小是由网线密度所控制，像数越低（网线数越少），印刷品的网点越大。在实际应用方面，则会依照纸张种类来选用印刷的网线数。一般的定律是纸张表面越粗糙，印刷时使用的网线数就越低，否则会因为网点稠密、油墨扩散黏糊而造成印刷品质不够清晰。

发行报纸所用的新闻纸类，网线数可以设定在 150 线；如果采用表面无涂布的胶印纸、模造纸印刷，那么网线数最好在 100 ～ 133 线；而表面经过涂布的铜版、雪铜纸使用的印刷网线数为 175 线以上；如果使用更高级的光面纸类，建议使用 200 线以上的网线数。

图 1-10 所示的鲤鱼图片像数为 200（网线数 100），选取图片局部，将其像数分解成可视的网纹，可以检查色彩网点的分布情况，如图 1-11 所示。

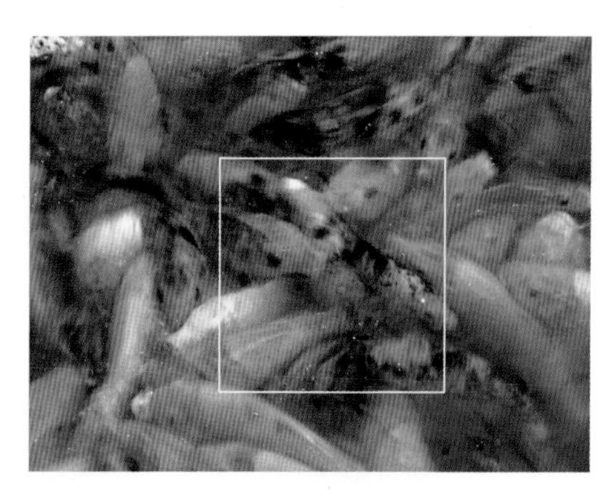

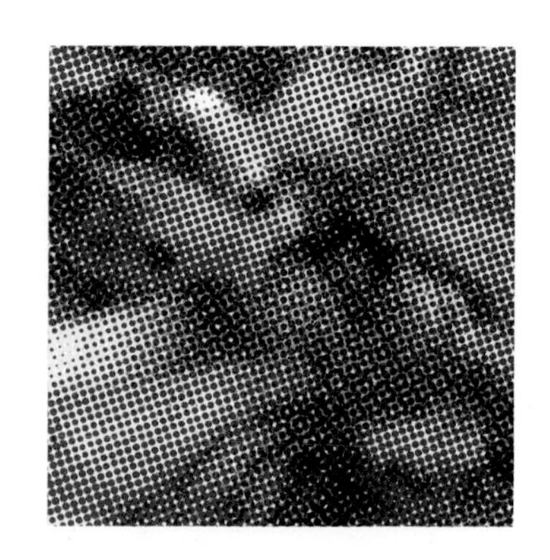

图 1-10　鲤鱼图片

图 1-11　图片局部的网纹

2. 出血位

“出血位”的作用是用来保护成品标准规格。印刷成品边缘全白色无图文的部分，称作“不出血”。成品位就是裁切位。如有图片扩大到版心线以外的边缘，叫作出血，作为内容读物的文字不可“出血”。如果设计的印刷图片放大到与页面尺寸一致时，图片部分不加出血（没有放大到出血位）裁切，裁纸机就无法准确按成品尺寸下刀，易产生错位，偏离成品编排设计要求，或裁不到位，使成品露白。

目前在国际印刷行业对出血位的执行标准尺寸为 1 ～ 3mm，我国多用 3mm。在印刷成品的图文实际尺寸向外延伸 3mm，便于后道工艺的制作，提高印刷品的质量。印刷出血的预留情况如图 1-12 所示，不预留印刷出血的情况如图 1-13 所示。

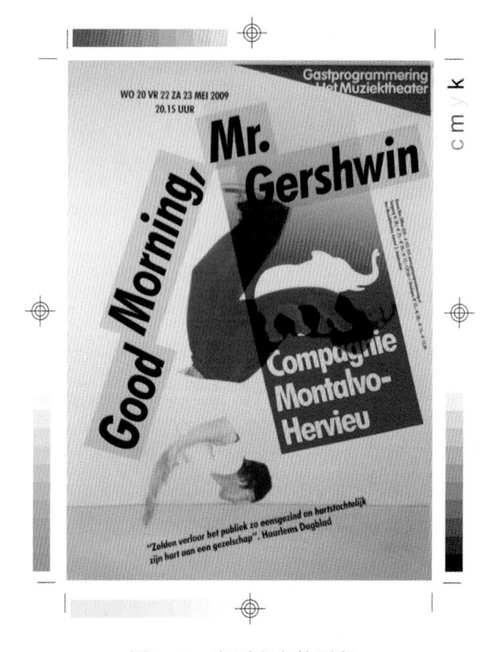

图 1-12　印刷出血的预留

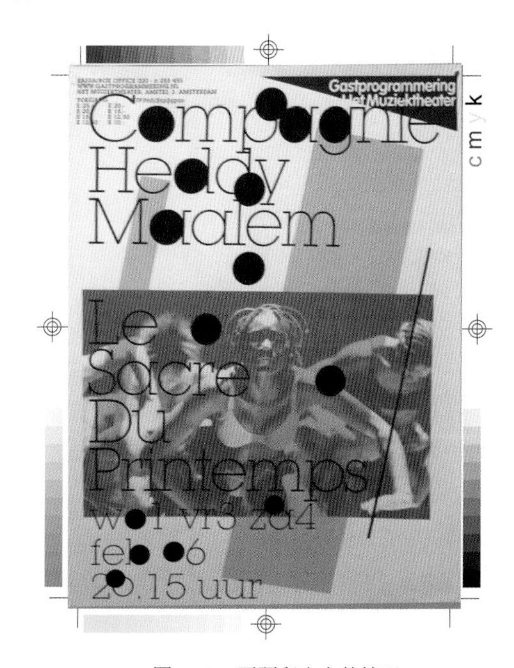

图 1-13　不预留出血的情况

“出血位”在计算机排版软件的菜单上被称为“印扩”。FreeHand、AI 排版软件在“文档”一栏，设有自动“印扩”功能，只需将出血数字输入，再单击页面即可跳出页面出血位（扩印框线），如图 1-14 所示，实际尺寸俗称切光尺寸，如图 1-15 所示。

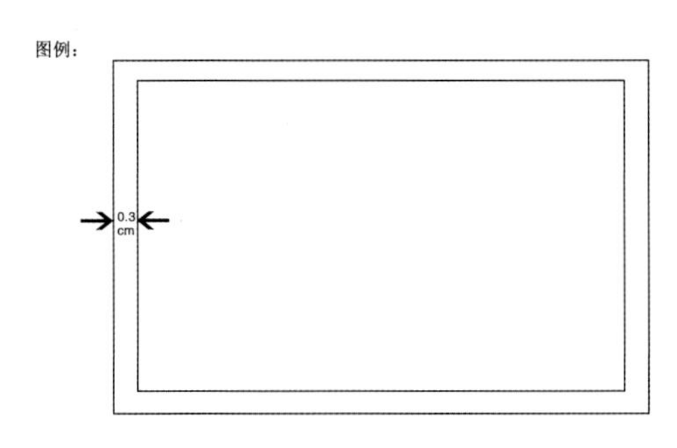

图 1-14　扩印框线

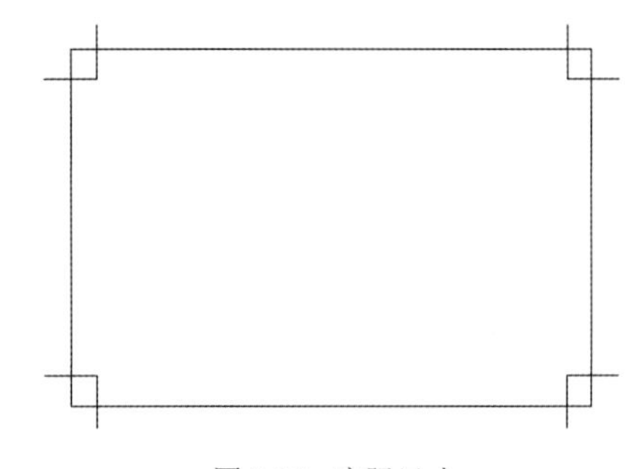

图 1-15　实际尺寸

3. 添加角线

在中国印刷行业通常把角线称作“出血线”，因为角线是标在出血位上的。当设计的作品需要将图像或者色块编排在页面边缘，在软件中进行排版时，应将置入的图片或色块等比放大且按成品扩出 3mm，避免在裁切时裁切不到位或造成漏白的现象。

根据印前工艺的要求，所有的印品设计稿必须在成品规格之外加角线（4 个角），拼版时才能准确无误地将不同文件拼到一个规定尺寸的版面上，并在版面上下左右正中位置加咬口位（裁切机器固定印品的位置），便于后道工艺的顺利进行。添加角线时应注意以下几点。

（1）了解设计形式所需的拼版开本幅面，以后道工艺加工机器尺寸计算角线长度，如广告或书画印品通常根据开数拼版，行业把“四开版”称作拼小版，“对开版”称作拼大版。丝网印刷角线需设置较长。总之，因印品而定。

（2）角线必须用 CMYK 国际印刷标准色，行业称四色角线。软件应用时将色彩设置为（C100、M100、Y100、K100）。

（3）角线（裁切线）颜色应为 C100、M100、Y100、K100，保证输出菲林后四色菲林片都有印刷角线，可作为检查四色印刷的套准，如图 1-16 所示，图 1-17 所示为错误添加角线的方法。

图 1-16　正确添加角线的方法

图 1-17　错误添加角线的方法

（4）角线落在成品页面四角上（四角的出血位：距离成品 3mm）。图 1-18 所示为 CMYK 四色角线示意图。

图 1-18　CMYK 四色角线示意图

4．拼版

拼版包括整个印件重要企划设计工作，如印刷机的咬口、纸张的咬口、纸张开数（完成尺寸）、装订方式、插页处理、页数、色数、落版方式（把单个的印件放置版面排列）、是否满版（模）、出血（界）及反白或套网等，加以精密的规划与设计。假若拼版作业规划执行不当，会造成色彩套印不准、原文位置偏差或错位、页码编排错误等问题。因此，从事拼版工作需谨慎、细心，并熟悉一切制版技法、印刷、装订及加工的作业程序与特性，才能使印件完美无瑕。

拼版是指在印版上有序地排列页面。拼版的目的是充分地利用胶版印刷机有效的印刷面积而采用的一种制作方法，即把每个版面的印数、色别、色数相同或相近的文件拼成一版，上机印刷。尽量将相同比例尺寸或各要素复杂程度和图片面积大体一致的图像拼版印刷，如图 1-19 所示。

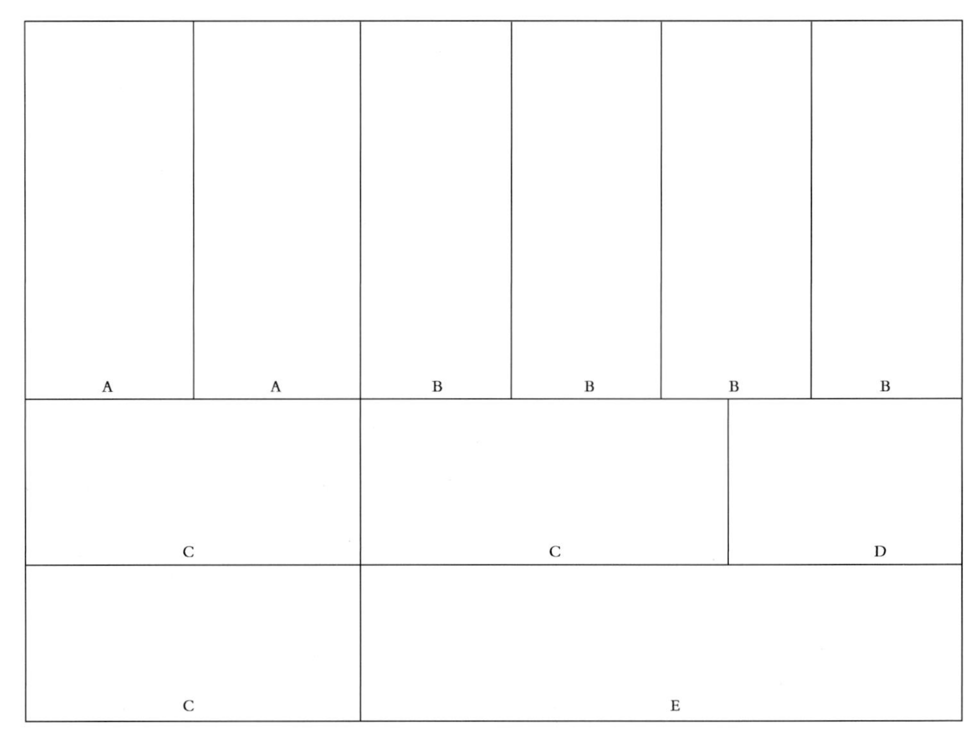

图 1-19　拼大版

（1）依据外形分类。

平面设计中常常遇到的印刷设计形式各异的包装或广告印品，单一种类的单张式印件，其拼版方式依据外形的不同可细分为方形印件、圆形印件和不规则形印件三种。

① 方形印件。方形单一种类印件的落版方式，是先将印件的长、宽与付印纸张尺寸的长、宽用交叉乘法算出其经济开数，再以连晒方法拼版印刷，如图 1-20 所示。

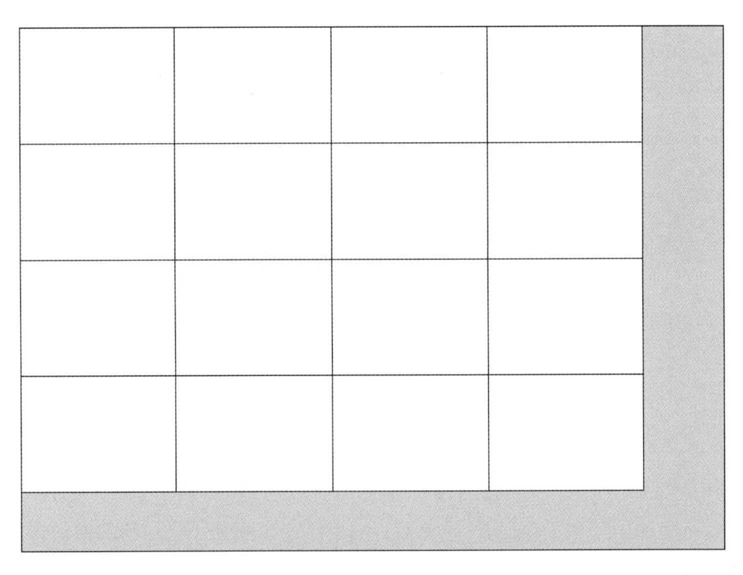

图 1-20　方形印件

方形印件常用于卡片、书签、信纸等的落版。

② 圆形印件。圆形单一种类印件的落版编排方式，若以下列图例的方式落版，可排圆形印件的模数最多，且剩余纸边最少，是最经济的正确落版方式。圆形印件常用于圆形标贴、吊牌的印刷落版。

图例能排 18 模，较为经济：图 1-21 所示能排 18 模；图 1-22 所示只能排 15 模。

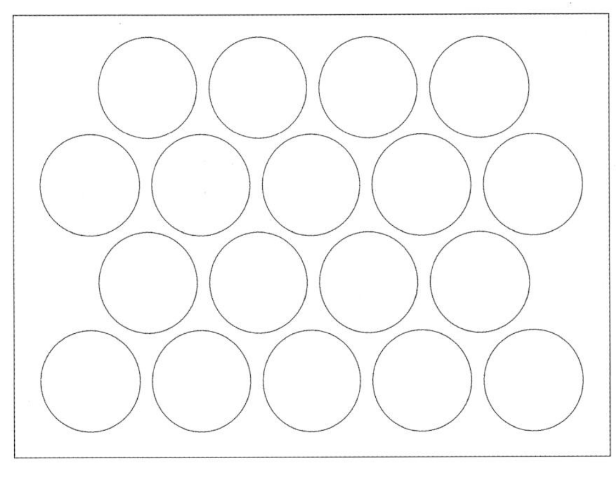

图 1-21　能排 18 模

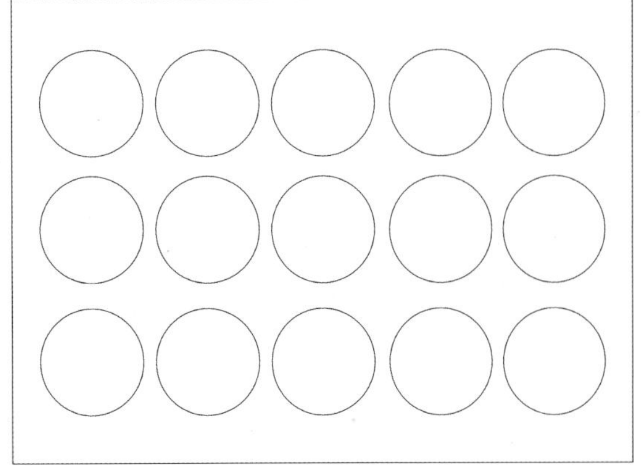

图 1-22　只能排 15 模

③ 不规则形印件。常见的不规则形印件有包装盒的展开图、信封展开图、贴纸等。其正确的拼版排印方式如图 1-23 所示。落版的最主要原则是充分利用印纸的大小，使剩余纸边留得最少，而不浪费纸张。但在编排包装盒的展开图时，要先确认包装盒口是否和纸张的肌理纹路方向平行，再进行落版。

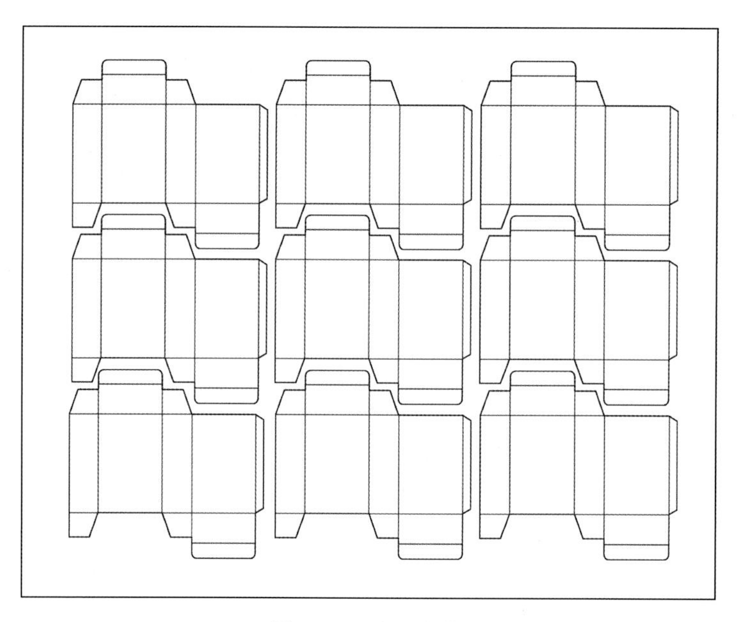

图 1-23　不规则印件

（2）依据印刷方法分类。

① 单面拼版。单面拼版是指单面印刷，需要拼合一张印版。这是最简单的拼版方式，只需按折页方式和装订方式确定每个页面的位置。单面拼版适用于单面印刷品的拼版，如单面印刷的海报、宣传单、书皮等，如图 1-24 所示。

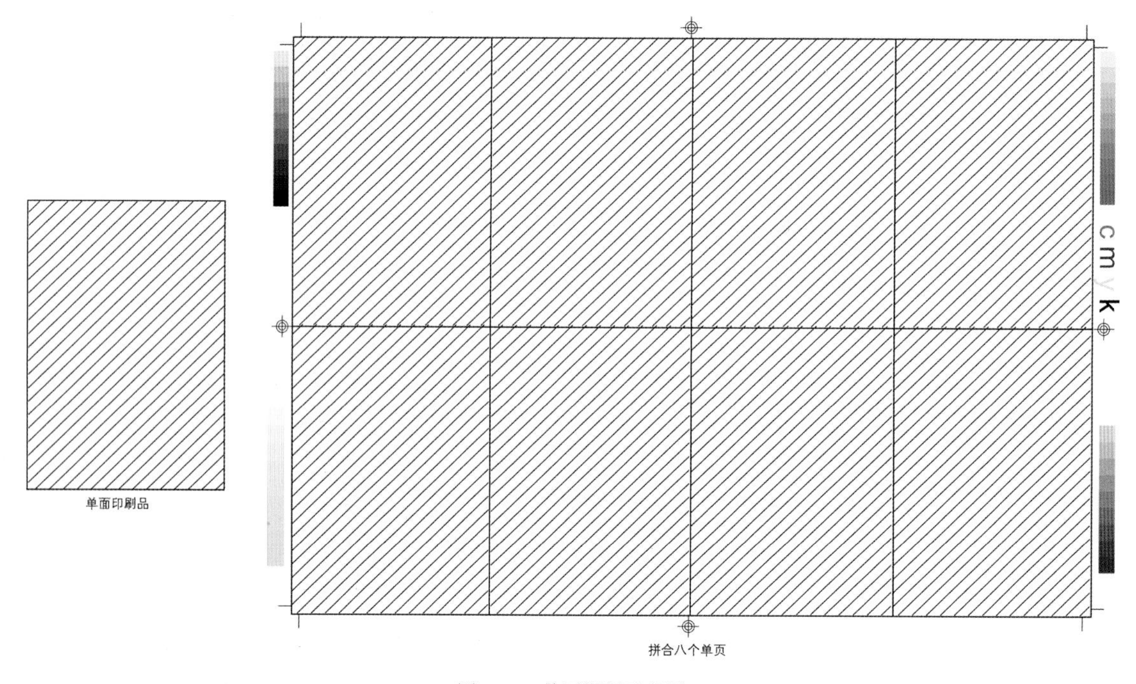

图 1-24　单面拼版示意图

② 自翻版。自翻版是指在一个印张中，一半印正面图文，另一半印反面图文，纸张的正反面用同样的印版各印一次，成为两份印刷品。印刷中，可以节省印工和 PS 版。按版面排布形式，

又分为上下自翻版和左右自翻版。拼版时要注意左右自翻版预留一个咬口位，而上下自翻版要预留两个咬口位。自翻版多用于封面的拼版，如图 1-25 所示。

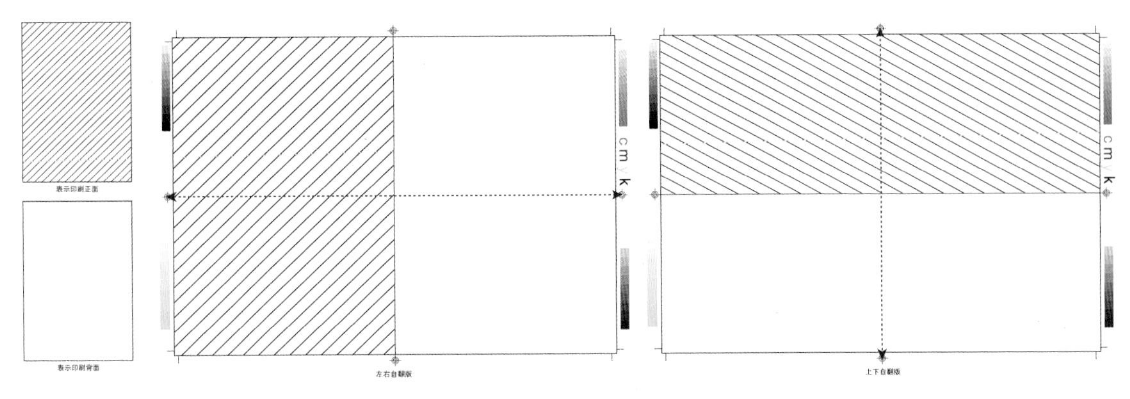

图 1-25　自翻版示意图

③ 正反版。正反版是指正面和反面两面内容，分为两块印版，正面印刷完成后转换反面印版继续印刷。印张超过 5 000 份的印刷品大部分采用此方法进行印刷。正反版多用于较大的印刷成品尺寸，如印刷广告，如图 1-26 所示。

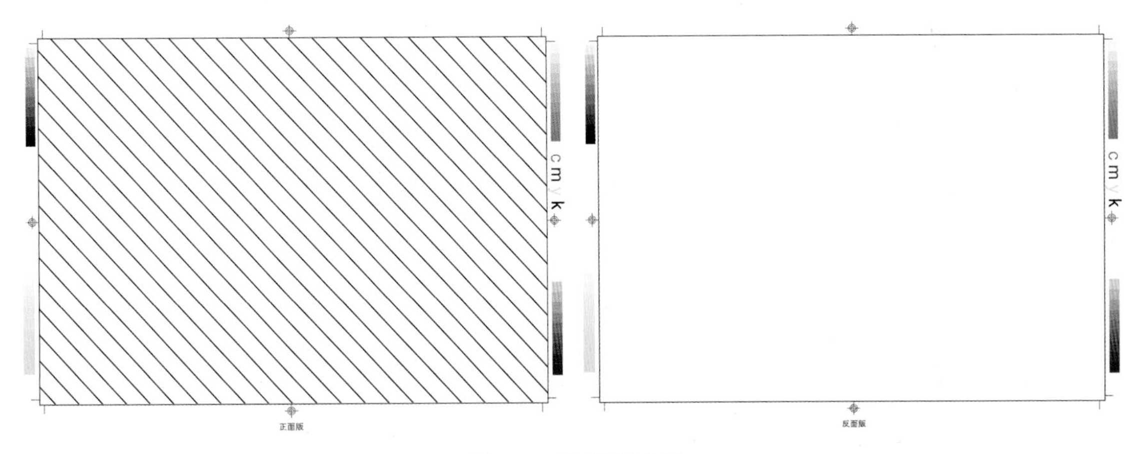

图 1-26　正反版示意图

5. 套印

套印是指图形重叠部分的底层不再是镂空的，底层部分保持原来的颜色，这样可以避免印刷机套色的误差，套印设计时要注意以下几点，套印原理如图 1-27 所示。

（1）在排版制作时，如果出现一个图形与另一个图形重叠的情况，那么就要考虑进行套印的设定。在印刷时稍微有一点儿偏差，就会出现漏白，这样就破坏了原设计的意图和效果，影响了印品的质量。

如果每一个图形的设定都选择套印，那么重叠的部分就会是两种颜色的叠加，而不是原来设定的颜色效果，所以套印的设定必须在非常小的范围内进行，保证小面积印刷时不会出现漏白的现象，同时不会使颜色产生变异。

（2）通常对于黑色的线条和色块文字（排版文字例外，只能用单黑格式，即 CMYK 中只选择 K)。需要选择套印，黑色是最深的，包含了其他所有的颜色，黑色压住任何一种颜色，但对最后的效果没有影响，而且不会出现漏白的现象。

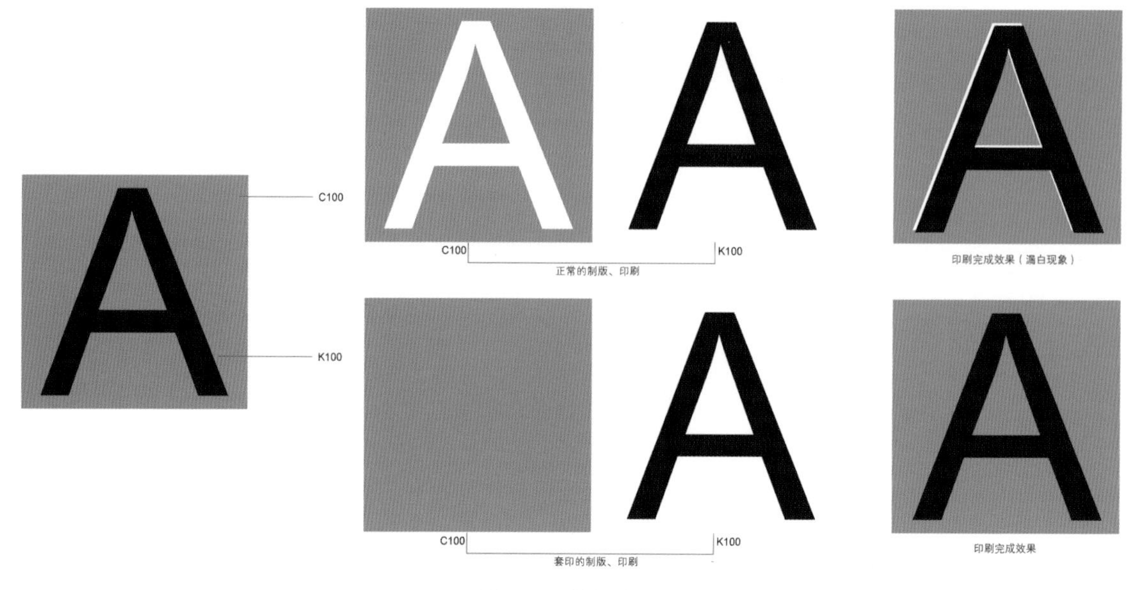

图 1-27 套印原理

（3）设计的过程中需要做烫金或者烫银等方式，在进行专色设计时需要选择套印。在其他色彩上烫金等电化铝材料是可以保持原色的，这样的专色不会出现漏白现象。

（4）如果两个色块包含相同的颜色就不必进行套印的设定。比如颜色 C50Y20 和 Y100 必须相邻时，则不需要进行套印的设定，因为黄色是两种颜色中共有的颜色，不会出现漏白现象。

印刷机套印不准有很多原因，包括高速走纸、纸张的质量和厚度、收缩性、油墨特性、印版没有对齐、印上油墨后纸张变形及湿度变化。套印控制并未消除印刷机套印不准，而是将问题隐藏起来。检查角线套准如图 1-28 所示。

图 1-28 检查角线套准

1.2 印前与数字技术

1.2.1 数字印前技术

印刷生产流程整合中，印前技术凭借融合软硬件数字化优势的创新拓展，不仅使印前技术重新回归到印刷生产流程的中心位置，而且使印前技术更加系统化地为印刷产品的跨媒体化拓展提供了各种解决方案。

中国经济持续二十多年的高速发展和全球化，引领着中国印刷企业学习和借鉴国际先进技术与经验，从以“硬件与产品加工”为中心的技术变革转变到以“软件与产品链”为中心的技术创新变革。这种技术创新变革推动着中国印刷企业及其产品生产从以“印刷质量”为中心向以“优质前提下的工作效率提升”为中心转变，管理从过程控制管理向数字资产管理转变，以满足社会日益增长的高品质印刷需求。

印前技术作为印刷产品链的龙头和基础，是印刷生产流程中最先完成从先进硬件应用到软件系统提升的关键环节，也是预先规划和解决印刷和印后加工各种问题的核心所在。从面向高品质印刷需求概括来讲，当前印前技术的创新拓展主要表现在以下三个方面。

1. CTP 技术的普及与高水平应用

印前技术在信息传播手段和方式的数字化与网络化整合中，已实现了最终用户、产品设计人员和印前作业人员的作业集成。如何保证色彩的高保真、层次的完美以及细节的清晰再现是现代印刷工业面临的最大挑战。CTP 技术指电子文件直接输入数据打样或制版印刷。

CTP 技术解决了 CTF 制版中二次模拟成像导致的网点损失与非线性传递的难题，使得数字化、高精度、高品质和作业简单的印版制作成为现实。印前技术在 CTP 领域的拓展将集中于以下两点。

（1）在高端印刷市场或产品领域，CTP 技术进入成熟应用与普及阶段。国内高端用户已经通过多年实践，理解和掌握了 CTP，体验到了 CTP 带来的质量提升、作业模式改变、生产效率提高以及管理手段数字化的好处。

（2）在中端印刷市场或产品领域。目前主要是在已有 CTF 设备基础上，通过增加数位打样和数字化拼大版组件，建立大版胶片的准 CTP 流程，并在实现大版胶片高可靠性之后，以电子胶片或 CTP 输出来完成 CTP 流程的构建。

2. 印前作业的专业化服务与应用创新

印前作业的专业化服务是信息传播数字化发展的重要趋势。印前作业在专业化的基础上，主动向上下游客户与相关领域拓展，逐步与出版、设计、传媒等领域融合形成“媒体”准备的新作业与经营模式，实现各个信息领域从非专业数字页面文件向专业数字页面文件的变革，从满足单一静态纸质媒体数字页面描述向满足多元动态数字页面描述的变革。

基于彩色信息数字化的印前作业专业化服务既承袭了满足纸质媒体的高品质需求，实现了彩色校正、层次校正、底色去除（UCR）、非彩色结构（GCR）和清晰度校正（USM）等印刷相关功能，又具备内容广泛、功能强大的图文处理技术。例如可改变图像内容的彩色模式变换、图像背景合成、图像衍生等图文设计与创意，还能够提供可靠的、大容量的、高质量的图文信息长期保存的手段和方法。

印前专业服务使印前作业真正成为一种面向信息传播行业的、提供专业数字页面描述的技术服务和创意服务，使高精度、高品质的印前作业内涵创新拓展为跨媒体的媒体准备和数字页面描述的专业作业手段。

印前技术满足高效率印刷需求的创新拓展主要是采用数字新技术以及页面描述中的数据处理方法和控制手段，实现页面内容描述数据、各种工艺与管理控制数据的传递与变换畅通，降低作业重复率与更改率，从而提升印刷作业效率。

“印制管理精细化、生产作业标准化、产品生产一体化”在印前环节预测和规划印刷及印后需要补偿的相关数据，建立印刷生产系统的过程控制参数。发挥印前技术“防患于未然”的优势，根据“生产组织集成化，质量标准规范化，过程控制数字化”的特征，形成基于产品组成各生产要素、控制要素、管理要素和市场要素及其相互关系的印前整合与技术集成方法，消除印刷产品生产中，特别是印前作业中的时间冗余、成本冗余和人员冗余。

印前技术的应用必须创新观念和创新内容，结合现代印刷产品内容数字化属性的可扩展性以及“数字内容资源化、传播方式跨媒体化、产品表达多元化”的特征。

3. 印前技术的不确定性问题

随着数字化进程的深入和用户需求的提升，现代印刷工业正在成为一个高可靠性行业，对印刷产品在时间、品质、成本、安全、环保上都提出了更高的可靠性要求，从而要求印前技术在印前环节整体性地解决印刷生产流程中的不确定性问题。

印前技术基于数字网络来构建印刷产品客户和印前作业之间的高可靠性的电子联系，成为现代印刷企业技术水准的重要标志。客户设计或出版人员将所有的文本、图形、图像、版式和色彩设计等要素按照最终成品要求对图文信息处理后全部拼合在一个符合印刷要求的版面上，并转换成为一个 PostScript/PDF 文件后传送给印前人员，印前人员对其内容进行检查、RIP（曲线—打样标准模式）解释以及数位打样确认。

不断成熟的软件打样技术，也使得关联各方面的相互沟通更加便利，易于发现错误，及时修正；各种专业软件和数字平台也使得无论是页面内容，还是控制信息都得到最大限度的优化，使关联各方的经验获得最大限度的共享，有效确保了更高可靠性的实现。

现代印刷产品的品质不仅秉承传统色彩控制的优势，而且采用全数字方式将复杂色彩再现控制简单化，以期获得“所见即所得”的结果。

从印刷专业角度来看，彩色打样的目的应是提供最终印刷品准确再现的效果，在某些限定印刷条件下反映出对图像艺术再现的要求。

色彩管理系统通过数字进行色差、色域的描述与控制，能够消除样张与印品间的颜色误差。

印前技术已经从单一先进硬件主导时代进入基于先进硬件的软件主导时代。印前与数字技术的软硬融合正在开创印刷工业应用先进数字技术进行印刷产品规划、印刷和印后加工优化的系统化解决和集群化控制的新时代。

1.2.2　印前软件基础知识

1．数字图像的分类

（1）点阵图形（位图）。

点阵图形又称为位图图像，是用图像编辑软件进行处理的，如 Photoshop、Painter11 等软件制作的图像，通过扫描输入及数位相机拍摄的图像均属于点阵图形。点阵图形的单位是像素，像素是点阵图形的最小单位。像素点（point）用来表达颜色信息，像素点越多图像越清晰，每个像素都有自己的颜色信息，在对位图图像进行编辑操作时，可供操作的对象是每个像素，我们可以改变图像的色相、饱和度、明度，从而改变图像的显示效果。位图图像的尺寸放大，一定要保证与尺寸相适应像数，否则图像就“发虚”（清晰度不够），如图 1-29 所示。

（2）矢量图形。

矢量图形与位图使用像素表示图像的方法不同。矢量图形是由计算机功能按数据自动生成的图像（computer generated graphics），优点是原始图形格式的质量不因图形的尺寸、形状、颜色的改变而改变。矢量图形具有以下特点。

① 文件占内存空间小。由于图形中保存的是线条和图块的信息，因此矢量图形文件和图像分辨率与图形大小无关，只与图形的复杂程度有关，简单图形所占有的存储空间较小。

② 图形大小可以无限缩放。在图形进行缩放、旋转或变形操作时，图形仍具有很高的显示和印刷质量，不会产生锯齿模糊等效果。

③ 可以采取高分辨率印刷。矢量图形文件可以在任何输出设备及打印机上或印刷机上以最高分辨率进行打印输出。AI（Adobe Illustrator）、CorelDRAW、FreeHand 均为矢量软件，如图 1-30 所示。

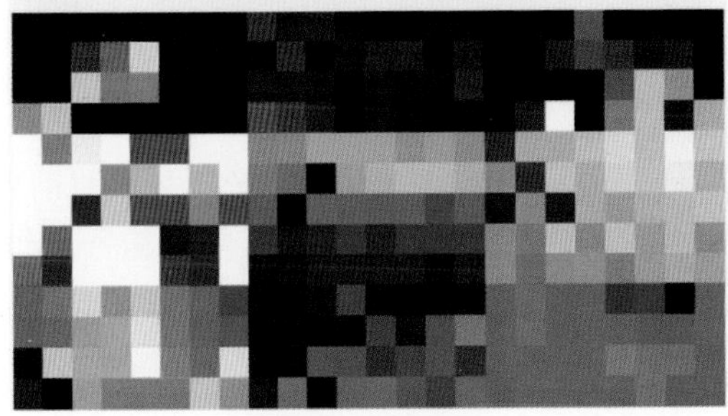

图 1-29　点阵图形

图 1-30　矢量卡通图形（陈银珊设计）

（3）分辨率（ppi）。

分辨率的概念是每英寸长度内所占有像素的多少。一幅点阵图形电子图像的好坏取决于图像的分辨率，如果将一幅图像放大到一定的程度，在电脑显示屏上，它是由一个一个小方块（马赛克）组成的，这些小方块即被称为像素，像素是构成图像的基本单位。分辨率的大小根据实际情况而定，分辨率越大图像的清晰度越高，分辨率越小图像的质量越差。

一般情况下分辨率的大小是网线数的两倍。一本高档画册的印刷线数为 200 线，那么它的分辨率应设为 400ppi。如今大部分印刷品的印刷线数为 175 线，理论上的分辨率应为 350ppi，实际上大部分设计师使用 300ppi 进行设计制作，如图 1-31 ～图 1-33 所示。

图 1-31　图像分辨率 300ppi

图 1-32　图像分辨率 75ppi

图 1-33　图像分辨率 20ppi

2. 色彩模式

由于成像显示色彩原理的不同，决定了显示器、投影仪、扫描仪这类靠色光直接合成颜色的相关设备以及与打印机、印刷机这类靠使用颜料的印刷设备在生成颜色方式上的区别。在印前技术中有必要了解掌握光源色彩和颜料色彩的不同合成原理。

（1）色彩模式介绍。

① RGB 模式。RGB 模式是基于自然界中三种基色光的混合原理，将红（Red）、绿（Green）、蓝（Blue）三种基色按照从 0（黑）到 255（白色）的亮度值在每个色阶中分配，从而指定其色彩。RGB 模式产生颜色的方法被称为减色模式。计算机屏显色彩均为 RGB 模式。

② CMYK 模式。CMYK 模式是国际印刷标准模式。其中四个字母分别指青（Cyan）、洋红（Magenta）、黄（Yellow）、黑（Black），在印刷中四种颜色的油墨分别由英文单词首字母代表，除了黑（Black）是取词尾的字母 K。CMYK 模式属于颜料色彩，其色彩的混合方法又被称为加色模式。图 1-34 所示为 CMYK 模式制作的 CMY 色表。

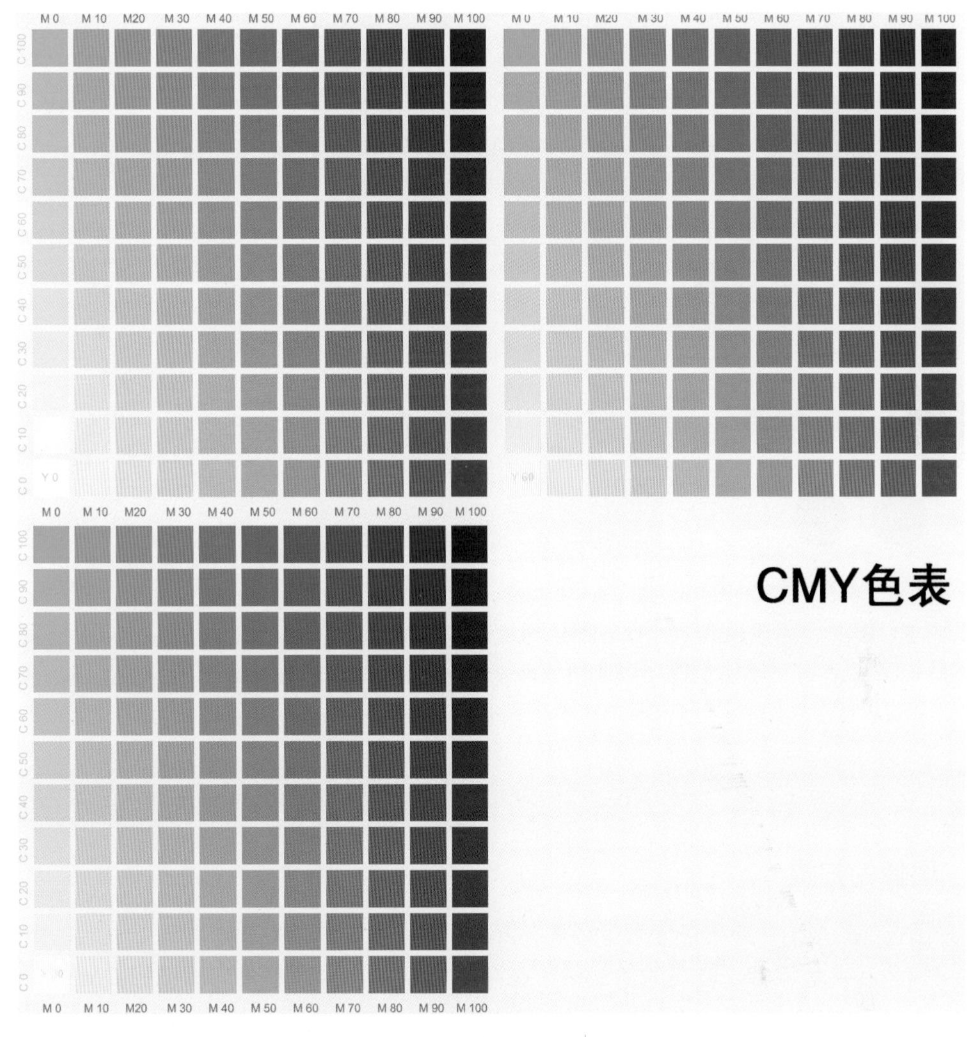

图 1-34　CMYK 模式制作的 CMY 色表

RGB 与 CMYK 的色彩混合模式如图 1-35 所示。

③ 位图（Bitmap）模式。位图是指图形一小块位置上的显示，所以编辑图像时将图像转换为位图模式时会丢失大量细节，如图 1-36 所示。

④ 灰度（Grayscale）模式。灰度模式可以使用多达 256 级灰度来表现图像，使图像的过渡更平滑细腻。灰度图像的每个像素有一个 0（黑色）到 255（白色）的亮度值。灰度值也可以用黑色油墨覆盖的百分比来表示（0% 等于白色，100% 等于黑色），如图 1-37 所示。

（2）颜色模式的转换。

为了在不同的场合正确输出图像，有时需要把图像从一种模式转换为另一种模式。Photoshop 通过执行“Image/Mode（图像 / 模式）”子菜单中的命令，来转换需要的颜色模式。这种颜色模式的转换有时会永久性地改变图像中的颜色值。所以，胶版印刷时必须采用 CMYK 模式。

① 将彩色图像转换为灰度模式。将彩色图像转换为灰度模式时，Photoshop 会扔掉原图中所有的颜色信息，而只保留像素的灰度级。灰度模式常用来做黑白影像处理之用。灰度模式可作为位图模式和彩色模式间相互转换的中介模式。

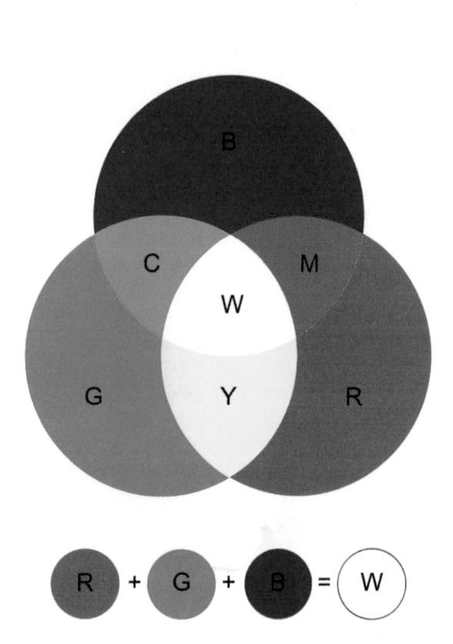

图 1-35　RGB、CMYK 色彩混合模式

图 1-36　位图模式

图 1-37　灰度模式

② 将 RGB 模式的图像转换成 CMYK 模式。印前制作时，图像的模式从 RGB 模式转换成 CMYK 模式，图像中的颜色数据会按照 CMYK 分色原理进行数据分布，与印刷成品色彩相符。因此，如果图像是 RGB 模式，必须转换成 CMYK 标准模式进行图像编辑。

（3）印前文字排版时，如果文字设计为黑色 K（内文小字），在 CMYK 模式中必须设置为单黑模式，以免套色不准。

1.2.3　图像的扫描

印前图像的扫描图片原稿可分为反转片、负片、印刷品、数位摄影作品。

绘画原作和实物原稿，需用滚筒式电子分色扫描仪，其原理是与印刷色彩 CMYK 相匹配，在 300dpi 基本像数的基础上，可适当放大 2 ～ 3 倍，小图可按等比例扫描，最好避开错网，缩小或放大 5% 以上，扫描后用 Photoshop 图像处理软件进行去网调整。

使用数位摄影作品时，注意图片像数必须符合印刷精度要求。

（1）扫描原稿、一般为原尺寸，特殊要求可放大 1 ～ 2 倍。但是不宜用有肌理的纸张原稿，最好选择光面纸质。高清晰扫描会把纸质纹理加进图纹，影响图片品质。

（2）扫描反转片、负片时，原始图片精度高的可放大 2 ～ 3 倍（即将像素设置为 600dpi 或 1200dpi），不可太大，易变形。

1.2.4　数字文件的图像格式

文件格式是一种将经过不同软件制作的文件以不同转换方式进行保存的有效方法。主要用于印刷和跨平台操作，是不同软件之间的转换以及不同操作系统之间转换过程中的重要媒介。下面介绍几种可供印刷使用的印前文件转换格式。

1. PSD 格式

PSD 格式是图片编辑最常用的格式。PSD 格式是 Photoshop 软件在记录图像编辑过程步骤的固有格式，也称为分层格式。PSD 格式可以比其他格式更快速地打开和保存图像，很好地保存图层、通道、路径、蒙版以及压缩方案，不会导致数据丢失等。在不合并图层的情况下，便于随时打开文件修改。是一种可供编辑修改的分图层文件格式，适用于图像编辑、重组，画作校色修改、复制等工作。

2. TIFF 格式

TIFF 格式是位图印刷的标准格式，也是跨越 Mac 与 PC 平台最广泛的图像打印格式，同时也可以在 Illustrator 等矢量软件中置入使用。TIFF 使用 LZW 无损压缩方式，大大减少了图像尺寸。TIFF 通常是 PSD 图层合并编辑的格式，也是各类软件设计文件之后需要转换的一种可供印刷工艺流程使用的有效格式。虽然 TIFF 格式可以保存通道，但是在文件输出 RIP 之前必须删除该通道图层过往编辑的数据方可打印。

3. JPEG 格式

JPEG 是我们平时最常用的浏览图像格式。它是一个最有效、最基本的有损压缩格式，为大多数的图形处理软件所支持。JPEG 格式的图像主要用于网页的制作，对图像像数质量要求不高。但是，像数大的适合数码设备印制的 JPEG 图文也可被激光打印或数位印刷所接受。

由于 JPEG 的应用非常广泛，特别是在网络和光盘读物、课件制作中，都能看到它的影子。目前，各类浏览器均支持 JPEG 的读图格式，先进的数位技术也支持该输出模式。

但是该格式的图像色彩模式是 RGB 模式，所以只有符合印刷像数标准的量化要求时，在胶印印前制作中必须转换成 CMYK 模式才能编辑，否则会造成偏色或其他错误。

4. AI 格式

AI 格式可以与其他软件兼容，进行编辑转换格式，是常见的文件格式。AI 软件为矢量软件，适用于图像绘画设计、折单设计等一些短单印品。

5. EPS 格式

EPS 格式是专门为存储矢量图形转换为印品成品格式而设计的，是图文转曲（路径）的固有格式，适于在 PostScript 输出设备上打印。EPS 主要用于图文排版输出、打印的文件格式，是一种成品印刷工作模式。

6. PM6.5 格式

PM6.5 格式是 PageMaker6.5 标准文件格式，适用于文字量大的图文编辑工作，尤其适用于拉丁字母的图文排版编辑。

7. CDR 格式

CDR（CorelDRAW）格式可以与其他编辑软件兼容，是常见的文件格式。该软件为矢量软件，带有自动等比缩放工具，适用于 CI 设计、展示设计、环境设计等有空间等比需求的设计。

8. Painter 格式

Painter 软件生成的部分图形为矢量图形，即计算机系统自动生成的图像，通常无须校色，适用于图形创意，各类画种的笔触特点表现。

1.2.5　数字文件制作的图像格式与商业广告成品

上述文件制作的图像模式在通常平面设计中的商业广告印刷品应用中颇为广泛，属于非正式出版物的印刷设计。所谓非正式出版物，通常是指作为广告用途的印刷宣传单或产品促销、产品介绍类画册，CI 手册等均为赠送品，无须加条码，亦无须版权、书号等国际出版物准印数据。这类出版物对图像模式的要求可由开本设计、材质工艺、印张等量化标准决定，为便于市场流通，其设计形式通常有异形开本和普通开本。

（1）异型开本图例：上胶印机必须用 TIFF 格式，上数位设备可用 JEPG 格式。

POP 广告及促销挂旗，如图 1-38 ～图 1-40 所示。

图 1-38　POP 吊牌广告

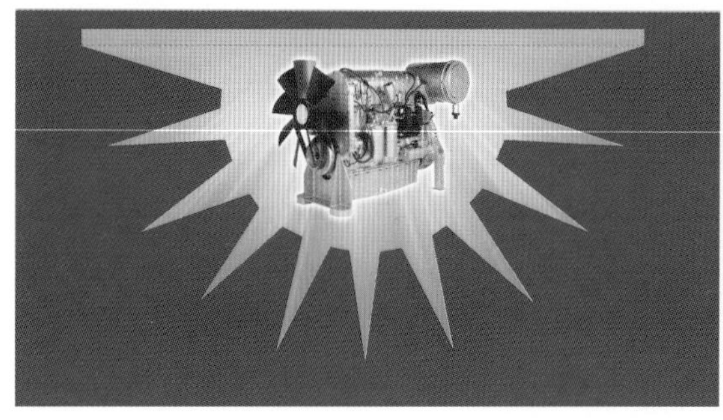

图 1-39　企业产品广告

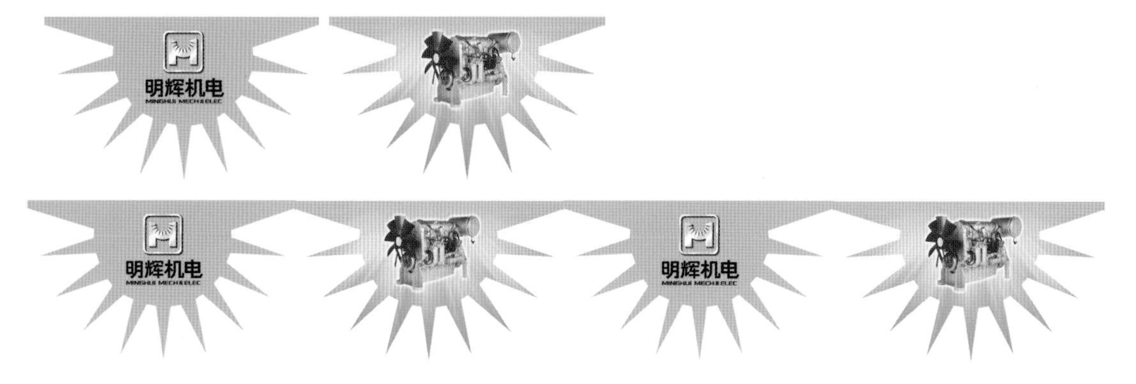

图 1-40　POP 挂旗

（2）普通型开本图例：上胶印机必须用 TIFF 格式，图像必须转为 CMYK 印刷模式。

汽车折单广告如图 1-41 所示。

图 1-41　汽车折单广告

以上两种设计形式在印前拼版时，都必须将图文转曲，即转为 EPS 格式，以免乱码造成文件内容丢失。

1.3 印前设计纸张与工艺

1.3.1　认识印刷用纸

1．纸的发明

堪称对世界文明发展产生重要作用的中国四大发明，除活字印刷、火药、指南针外，就是造纸。通常在史书中皆指称为东汉和帝时的蔡伦于元兴元年（公元 105 年）所发明。事实上蔡伦只是造纸技术的改良者，而不是始创者。因为汉书孝成赵皇后传中提到的“赫蹄书”，即为纸的前身，证明西汉时已有用纸书写的例证。

真正造纸是将植物纤维经过蒸煮和捶捣之后，加入水形成植物纤维与水的混合液，也就是纸浆，再将纸浆通过竹签或篾席，把水漏掉，在上面留下薄薄一层由植物纤维交叠而成的薄片，此薄片干燥之后就是“纸”。

2. 纸张的种类

纸张在制作时为了满足不同需要，种类性质日新月异，不容易将纸张做统一的分类。下面仅就其制造方式和用途加以分类。

（1）依制造方式分类。

① 非涂布纸：由化学纸浆和机械纸浆依不同性质需求以不同比率的纸浆混合填料而成。

② 涂布纸：以不同的非涂布纸为纸基，经轻、重不同的涂布方式所制成。

（2）依用途分类。

① 证券印刷用纸：多以长纤维的棉麻质纸浆所制成，纸质坚实安定、耐久而不变质，外观精美，适于有价证券的印刷。

② 美术印刷用纸：宜使用双面涂布的高级纸，纸面平滑均一，油墨表现能力强的铜版纸或牙粉纸（不反光）类。

③ 书刊印刷用纸：一般期刊的单色页使用胶印纸或书刊纸即可，彩色页则宜采用铜版纸或牙粉纸较佳。

④ 新闻印刷用纸：多用机械纸浆及化学纸浆混合而成的粗纸，价格最低廉，吸墨迅速，但为了配合高速轮转机的需求其抗引强度不可过低，否则容易断纸。

⑤ 封面印刷用纸：一般区分为平装书及精装书两大类。

⑥ 包装印刷用纸：一般区分为纸盒、纸器及购物袋三大类。

⑦ 挂图、地图印刷用纸：传统使用棉质多的纸张来印刷，现在已有改用 PVC 合成纸印刷的趋势。

（3）依印刷工艺分类。

① 凸版印刷用纸：使用锌凸版印刷时，纸张的平滑度要求较其他版式高，但使用如橡皮凸版、树脂凸版等弹性凸版时则可使用粗糙的牛皮纸或瓦楞纸来印刷。

② 平版印刷用纸：纸面强度大，以防剥纸。因为平版印刷时利用水墨互不相容原理来印刷，因此，其用纸要经得起湿气而不容易伸缩变形。同时平版印刷为间接印刷，所使用纸张的平滑度也比凸版的要求低。

③ 凹版印刷用纸：纸张须富有柔性，给湿软化后具有弹性，使纸表面能和版孔油墨密合，纸毛不致阻塞版孔，以模木浆纸较佳，其平滑度要求和平版用纸相近。

④ 孔板（丝网）印刷用纸。

3. 印刷纸张规格与用途

纸张是印刷工艺设计过程中最重要的一个环节，纸张的选择与纸张的个性利用直接影响印刷的好坏及精度，同时也影响印刷品的价格。

纸张的规格包括纸张的形式、纸张的尺寸、纸张的定量三个方面（详见第 6 章问题解答）。

（1）纸张的形式。

纸张根据印刷用途的不同可以分为平板纸和卷筒纸，平板纸适用于一般印刷机，卷筒纸一般适用于高速轮转印刷机。

（2）纸张的尺寸。

目前常用的两种纸张及整开尺寸是：正度纸为 787mm×1092mm、大度纸为 889mm×1194mm

（大度纸多数为进口纸）。

印刷纸张尺寸在应用上分为纸张基本尺寸及印刷完成尺寸两种。行业中，印刷完成尺寸又称为切光尺寸。

① 纸张基本尺寸。纸张基本尺寸通常是指未经扣除印刷机咬口及加工裁切纸边的原纸张尺寸。目前常用纸张基本尺寸一般分以下两种。

- 规格为 889mm×1194mm，业界被称为大度全开纸。
- 规格为 787mm×1092mm，业界被称为正度全开纸。

此外，随着高新技术的进步，各种规格的特种纸层出不穷，能满足各种印刷新工艺的需求。

② 印刷完成尺寸。印刷完成尺寸是指将纸张基本尺寸扣除印刷机咬口及折叠裁修后所得尺寸。例如 ISO 纸度的 A、B、C 系列。

国际标准组织（International Standards Organization，ISO）制定的国际标准纸张尺寸是一个精密而又系统的纸张尺寸纸度，又称 ISO 纸度。此项纸度将纸张尺寸分为 A、B、C 三种国际纸度。其用途如下所述。

- A 类纸度用于印刷图书、杂志、事务用品、简介型录、一般印刷品及出版品。
- B 类纸度用于印刷海报、地图、商业广告及艺术复制品等。
- C 类纸度用于印制专为 A 类纸度印刷品制作的信封套及文件夹等。

③ 纸张规格，如表 1-1 所示。

表 1-1　纸张规格

纸张规格	公制尺寸	英制尺寸	纸张规格	公制尺寸	英制尺寸
4A0	1682×2378	66 1/4×93 3/8	B4	250×353	9 7/8×12 7/8
2A0	1189×1682	46 3/4×66 1/4	B5	176×250	7×9 7/8
A0	841×1189	33 1/8×46 3/4	B6	125×176	5×7
A1	594×841	23 3/8×33 1/8	B7	88×125	3 1/2×5
A2	420×594	16 1/2×23 3/8	B8	62×88	2 1/2×3 1/2
A3	297×420	11 3/4×16 1/2	B9	44×62	1 3/4×2 1/2
A4	210×297	8 1/4×11 3/4	B10	31×44	1 1/4×1 3/4
A5	148×210	5 7/8×8 1/4	C0	917×1297	36 1/8×51
A6	105×148	4 1/8×5 7/8	C1	648×917	25 1/2×36 1/8
A7	74×105	2 7/8×4 1/8	C2	458×648	18×25 1/2
A8	52×74	2×2 7/8	C3	324×458	12 3/4×18
A9	37×52	1 1/2×2	C4	229×324	9×12 3/4
A10	26×37	1×1 1/2	C5	162×229	6 3/8×9
B0	1000×1414	39 3/8×55 5/8	C6	114×162	4 1/2×6 3/8
B1	707×1000	27 7/8×39 3/8	C7	81×114	3 1/4×4 1/2
B2	500×707	19 5/8×27 7/8	C8	57×81	2 1/4×3 1/4
B3	353×500	12 7/8×19 5/8			

其横边与直边之比是 1 ∶ $\sqrt{\ }$ （1 ∶ 1.414）。

（3）纸张的定量。

定量是指纸张单位面积的质量关系，用 g/m^2 表示，如 150g 的纸是指该种纸每平方米的单张重量为 150g。凡纸张的重量在 $200g/m^2$ 以下（含 $200g/m^2$）的纸张称为“纸”，超过 $200g/m^2$ 重量的纸则称为“纸板”。令重是指每令（500 张纸为 1 令）纸量的总质量，单位是以 kg（千克）计算。

印刷纸的计量单位有令、方、件、吨。所谓令重，就是一令（500 张）纸的实际质量，单位是千克，一彩令：一令纸印一种颜色的统称。

纸张重量的计算，令重（kg）= 定量（g/m^2）× 纸的长度（m）× 宽度（m）×500/1000。

当今全球提倡绿色工业，新材料工艺结合环保应用的再生纸，以及各类新兴行业专用纸的生产，其纸型规格也因印品的类别需求而定，可谓百花齐放。

（4）纸张的开切方法。

在一般情况下，纸张的开切均采用几何级数开法，如图 1-42 所示。

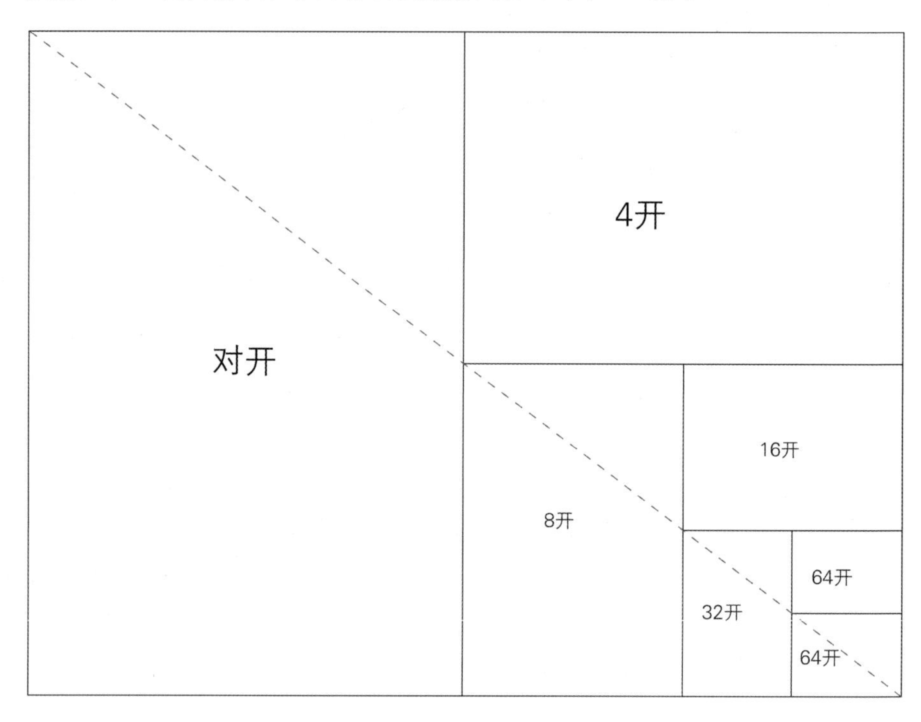

图 1-42　纸张的开切方法

1.3.2　印前工艺名称

下面介绍纸张的十字规矩线、裁切线和咬口的定义。

1. 十字规矩线

十字规矩线简称十字线，是制版和印刷中，图像套印法则和套印标准以及规格尺寸计算、图文位置固定的依据线。

2. 裁切线

裁切线是印刷完成以后裁切成品的标记线。

3. 咬口

咬口是指纸张的咬口位。无论是对开印刷，还是 4 开或 8 开印刷，在输送纸时有一边是咬口。咬口是纸在承印过程中首先被传送进机器的一边，也是印版碰不到的部位。咬口尺寸一般留有 8 ～ 10mm 宽度，是印刷油墨无法印到的位置，在设计版面或拼版时，不能有画面内容，如图 1-43 所示。

图 1-43　纸张的十字规矩线、裁切线和咬口

1.3.3　常用印刷品纸张类型

印刷成品中，大多数是利用纸介质完成的。不同质感的纸张可以表现不同的成品效果。常用的纸张品种有平板纸印品（见图 1-44）、亚粉纸印品（见图 1-45）、胶版纸印品（见图 1-46）、新闻纸印品（见图 1-47）、板纸印品（见图 1-48）、牛皮纸印品（见图 1-49）、特种纸印品（见图 1-50）。

图 1-44　平板纸印品

图 1-45　亚粉纸印品

图 1-46　胶版纸印品

图 1-47　新闻纸印品

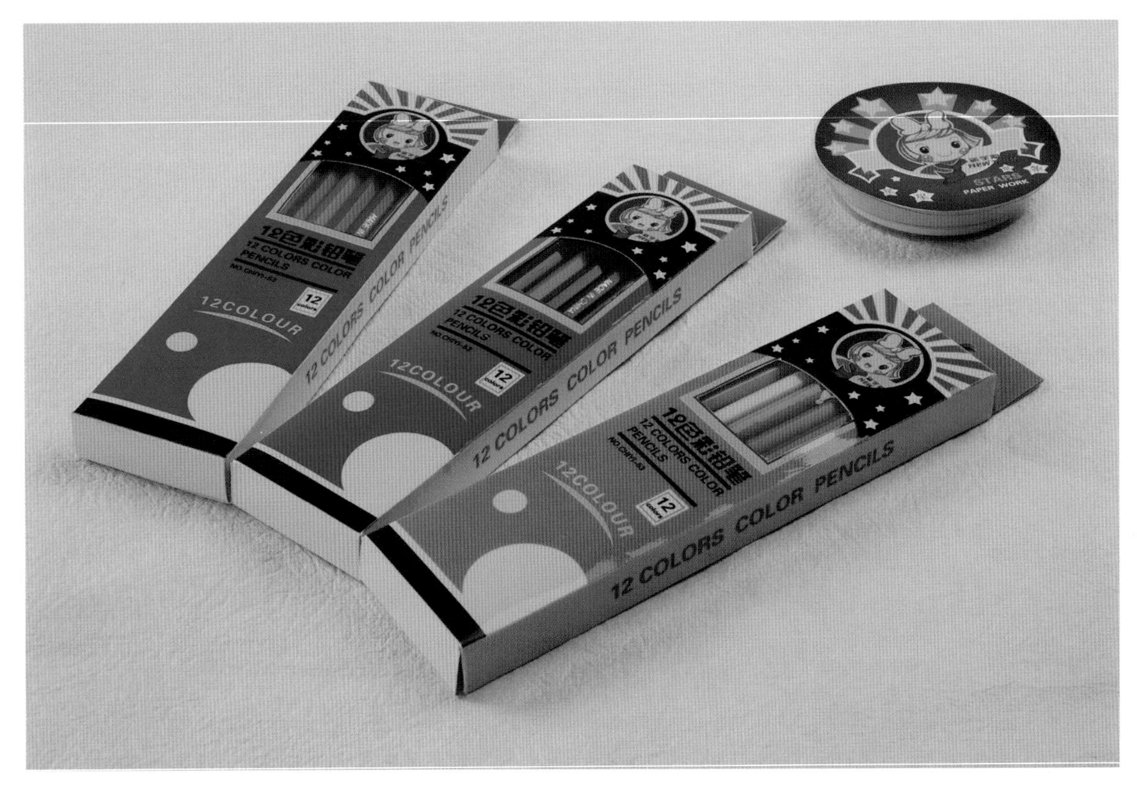

图1-48　板纸印品

图 1-49　牛皮纸印品

图 1-50　特种纸印品

课后训练题

一、填空题

1．胶版印刷是 ________ 印刷常用的技术手段之一，主要用于 __________ 印刷。

2．印前工作，在美国印刷行业中的专业俚语叫作“____________”，包含有 __________ 的服务态度。

3．“专色印刷”色彩的国际标准称为 _________ 色彩，打样使用中通常以 ________ 模拟专色过程打样。

二、选择题

1．胶印的印刷图文是由印刷 ________ 的 ________ 构成，呈现图文效果。

A．图文　像素　　B．油墨　网点　　C．色彩　混合

2．彩色印刷模式为 ___________，图像校色模式采用 ___________ 曲线。

A．CMYK　CMYK　　B．RGB　CMYK　　C．RGB　RGB

3．印前图像像素（分辨率）应该设为 _________，一般印品通常使用 _________。

A．72 ～ 180ppi　300ppi　　B．100 ～ 350ppi　400ppi　　C．300 ～ 450ppi　300ppi

三、实训题

1．印前图形软件制作基础。

（1）掌握 Adobe Photoshop 软件的基本工作命令的使用方法。

（2）掌握 CorelDRAW、FreeHand、AI 矢量软件的基本使用方法。

2．Photoshop 图像编辑软件与排版软件的综合应用。

（1）选择一张图片进行图像编辑，图像制作必须使用 300ppi，CMYK 色彩模式。

（2）分别用矢量软件制作 CMYK 色表（参考书中范图），渐变色值以不小于 5 个点数增、减。

第 2 章

出版印刷

经典设计解读丛书
责任编辑 常 平　装帧设计 星 星
phic
ISBN7-5393-1407-9
J·1342　定价：28.00元
折单广告设计 林缜 林琳 著 福建美术出版社
design
classicalgraphic
折单广告设
林 缜 林
Lin zhen Lin
英文翻译 星 星

2.1 出版印刷设计基础

随着高新技术的飞速发展，有近千年历史的印刷术已由纹章纹饰的复印技术发展到图文整合，运用 Apple 机做印前分色制版、输出，结合先进的印刷设备以及印刷后道工序等新工艺流程，高品质地完成出版印刷设计工作。

出版印刷设计区别于非出版物印刷设计，前者更趋于国际市场的出版规范管理要求，注重行业标准的严谨性，专业标准的统一性。

与 Internet 技术相结合的跨行业的数字化工作流程和跨媒体出版技术，代表了出版社的发展与未来。出版印刷在国际流通领域中占有重要的一席，所以，我们有必要了解相关行业的一切法规与法律。

2.1.1　出版印刷知识

1．国际标准书号和中国图书分类法

在每本书的封底定价的旁边，都有一串由字母和数字组成的中国标准书号。为了和国际标准书号统一，从 1987 年 1 月 1 日起，全国出版社执行国家标准局颁布的中国标准书号，它由“国际标准书号”（ISBN）和“图书分类——种次号”两部分组成（2002 年取消了种次号部分），其中国际标准书号是中国标准书号的主体，可独立使用。

（1）国际标准书号。

国际标准书号（ISBN）的英文全称是 International Standard Publishing Number。国际标准书号由一组冠有 ISBN 字符的 10 位数组成，这 10 位数字分为四个部分，中间用短线“-”或空格隔开。例如，《印刷工艺设计》的国际标准书号为 ISBN 7-5394-1220-8。

① 第一部分“ISBN”为国际标准书号，“7”为组号（如中国为 7，英国为 1、加拿大为 2，捷克为 952），代表一个国家的地理区域或语种的编号，是由国际书号中心设置和分配给中国的。组号“7”意味着中国的出版图书编号为一亿种，占国际总容量的十亿分之一。

② 第二部分为出版者号，由中国 ISBN 中心设置和分配，长度可取 1 ～ 7 位数字，“5394”表明由代号为“5394”的出版单位出版。

③ 第三部分是书名号，代表某出版者的某种具体出版物。由出版者按照出版的先后顺序编制流水号“1220”。

④ 第四部分是校验位，它是不变的一位数字，其他三部分的位数都是可以变的，但三个部分位数相加一定是 9 位数。

（2）中国图书分类法。

中国图书分类法如下。

① A：马克思主义、列宁主义、毛泽东思想。

② B：哲学。

③ C：社会科学总论。

④ D：政治。

⑤ E：军事。

⑥ F：经济。

⑦ G：文化、科学、教育、体育。
⑧ H：语言、文字。
⑨ I：文学。
⑩ J：艺术。
⑪ K：历史、地理。
⑫ N：自然科学总论。
⑬ O：数理科学和化学。
⑭ P：天文学、地球科学。
⑮ Q：生物科学。
⑯ R：医药卫生。
⑰ S：农业、林业。
⑱ T：工业技术。
⑲ U：交通运输。
⑳ V：航空、宇宙飞行。
㉑ X：环境科学。
㉒ Z：综合性图书。

其中，“T 工业技术类”详细分目如下。

① TB：一般工业技术。
② TD：矿业工程。
③ TE：石油、天然气工业。
④ TF：冶金工业。
⑤ TG：金属学、金属工艺。
⑥ TH：机械、仪表工业。
⑦ TJ：武器工业。
⑧ TK：动力工程。
⑨ TL：原子能技术。
⑩ TM：电工技术。
⑪ TN：无线电电子学电讯技术。
⑫ TP：自动化技术、计算机技术。
⑬ TQ：化学工业。
⑭ TS：轻工业、手工业。
⑮ TU：建筑科学。
⑯ TV：水利工程。

2. 国际标准刊号

ISSN 即国际标准期刊号（ISSN），英文全称为 International Standard Series Number，是 1975 年根据国际标准组织制定的 ISO-3297 规定，由设于法国巴黎的国际期刊资料系统中心所赋予申请登记的每一种刊物具有一个识别作用且通行国际间的统一编号。

“期刊”是指任何一系列定期或不定期连续出版的刊物，它们通常以一定的刊名发行，以“年、月、日”“年、月”或数字标明卷、号、期数。市面上常见的期刊、丛刊等大都属于国际标准期刊号的编号与编码范围。每一种期刊在注册登记时，就得到一个永久专属的 ISSN，一个 ISSN 只对应一个刊名，而一个刊名也只有一个 ISSN。所以当该刊名变更时，就得另申请一个 ISSN。如果期刊停刊，那么被删除的 ISSN 也不会被其他期刊再使用。

每组 ISSN 是由八位数字构成，分前后两段，每段四位数，段与段间用“-”相连，如 ISSN 0211-9153，其中后段的最末的一个数字为检查号。

通过国际标准期刊号可以准确、快捷地识别该期刊（报纸 / 杂志等）的名称及出版单位等。在部分国家或地区，一份标准的期刊出版物除配有国际标准期刊号外，同时要求配有本国或当地的期刊号，以便于管理。例如，《桌面出版与设计》的国际标准期刊号为 ISSN 1006-7868，国内刊号为 CN 11-3593/TS，其中，CN 代表中国（AU 代表澳大利亚，US 代表美国，UK 代表英国，CA 代表加拿大，JP 代表日本）。

CSSN（中国标准刊号）分三个部分。

（1）第一部分为国别代码，如 CN。

（2）第二部分为报刊地区号：11 代表北京地区（天津 12、沈阳 21 等），3593 代表序号。

（3）第三部分是分类号，为 1 ～ 2 位大写字母或数字，如 TQ 代表化工类图书，TS 代表轻工业或手工业图书。

2.1.2　印张

1．印张计算方法

印张是书籍出版术语，是印刷用纸的计量单位。通过印张的数量可以计算一本书需要多少纸张，同时也可以通过印张来计算印刷的印版量。一张全开的纸有两个印刷面，即正面和反面。印张规定以一张全开的纸的一个印刷面为一个印张。一张全开的纸两面印刷后就是两个印张。计算一本书的印张可以利用以下方法：

总页数 ÷ 开数 = 印张。比如一本书的页数为 240 页，开数为 16 开，则用 240÷16=15，即表示此书的印张为 15 个印张。

2．开本设计

开本是书籍开数幅面的简称。一张全张纸开切成多个幅面相等的张数，这个张数就是开数的量数。如 16 开本为 195mm×270mm，即该全开纸 787mm×1092mm 切割为相等的 16 页张数，以此类推。

纸张的开切方法，可分为以下三种类型。

（1）几何级数开法：每一种开本的幅面均为上一级幅面的一半，以 2 为几何级数裁切。这是一种合理、规范的开法。用 787mm×1092mm 或 889mm×1194mm 开切成的各级开本，都是长方形的形状，宽与长近似比例为 2 ：3，此开法适用于各种类型的印刷机、装订机、折页机，工艺上有较强的适应性。

（2）非几何级数开法：每一种开本的幅面并不一定就是上一级幅面的一半，不能以 2 的几何级数裁切。其幅面形状大都近似正方形。工艺上只能用全张印刷机印刷，不适宜用折页机折页，有一定的局限性。

（3）特殊开法：用纵横混合开法，大部分用于单张插页、书籍封面用纸等的开切。

787mm×1092mm 类型（正度）的纸常用开本尺寸如下。

① 16 开本，195mm×270mm（即全开纸张切割为 16 页）。

② 32 开本，135mm×195mm（即全开纸张切割为 32 页）。

③ 12 开本，260mm×270mm（即全开纸张切割为 12 页）。

④ 20 开本，195mm×216mm（即全开纸张切割为 20 页）。

⑤ 24 开本，180mm×195mm（即全开纸张切割为 24 页）。

889mm×1194mm 类型（大度）纸常用开本尺寸如下。

① 大 16 开本，220mm×295mm。

② 大 32 开本，147mm×220mm。

上述的每一种开本尺寸都可能因为横式开本或竖式开本的设计要求而不同，所以选择与之相适应的印刷尺寸标准对设计师和用户都是至关重要的工作。

2.1.3　折手

折手样式是依据折纸机的型号功能来定的。例如，一张 4 开或 6 开或更小的一个单页，经过多种折法，形成的一个小册子。为了便于翻看，设计师和用户根据画册需要特意选定符合该型号的折页机，这样的折页装订才能满足用户的要求。这类产品的折页方法大致有风琴折、卷心折、双对折等。图 2-1 所示为折页机，图 2-2 和图 2-3 所示为折页方法。

图 2-1　折页机

六梳全梳折页机折法

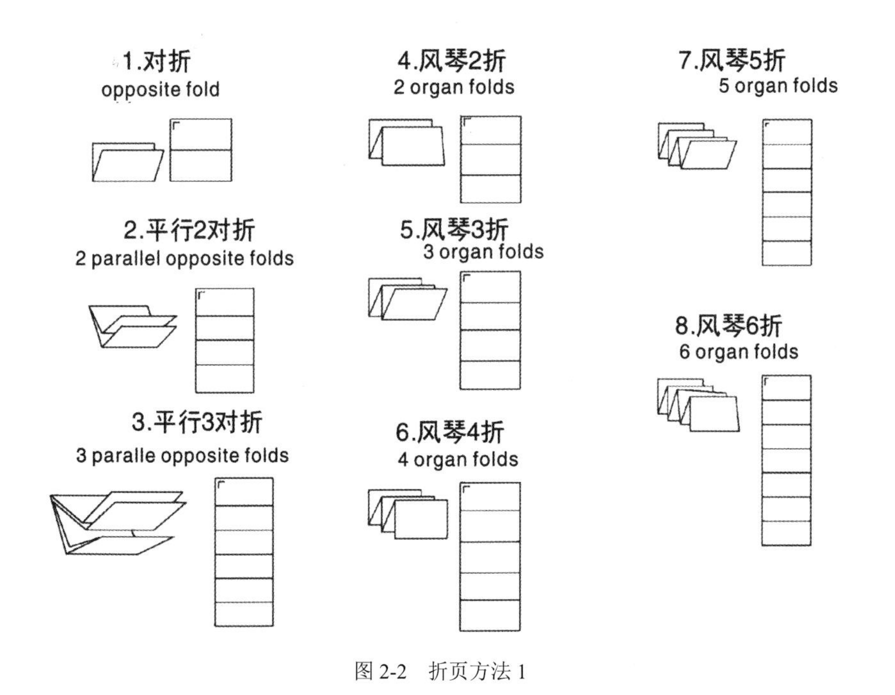

图 2-2　折页方法 1

印刷是一项设计与工艺流程前后关联的工作，从一开始设计组织排版，就要考虑印刷后期的横切、折页、装订的问题。如是单一折页，设计时封面和封底做小纸样编好版式位置后，安排页码。

骑马订装订，要考虑页面数。每一订页由正反 4 页组成，所以，设计组版时，版面的页面数，一定要能被 4 除尽。如果是胶装书（线胶装或无线胶装），印刷拼版时要考虑到装订的折页方式，如图 2-4 和图 2-5 所示。

六梳+1刀折页机折法

1.对折后加一刀
chopping once after opposite folding

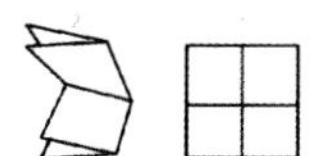

2.两对折后加一刀
chopping once after 2 times opposite folding

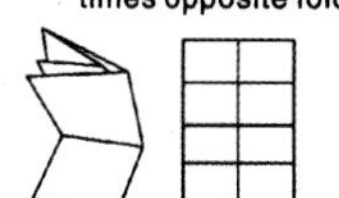

3.三对折后加一刀
chopping once after 3 times opposite folding

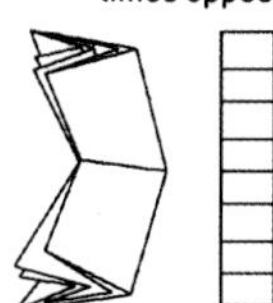

4.风琴2折后加一刀
chopping once after 2 organ folds

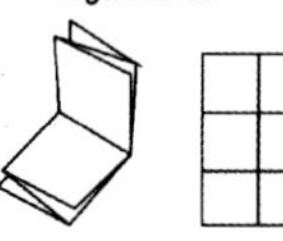

5.风琴3折后加一刀
chopping once after 3 organ folds

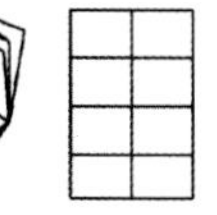

6.风琴4折后加一刀
chopping once after 4 organ folds

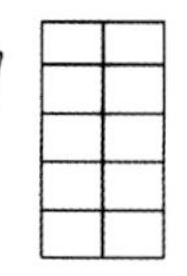

7.风琴5折后加一刀
chopping one after 5 organ folds

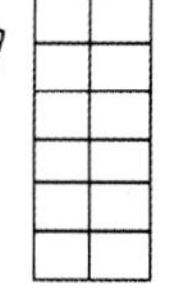

8.风琴6折后加一刀
chopping once after 6 organ folds

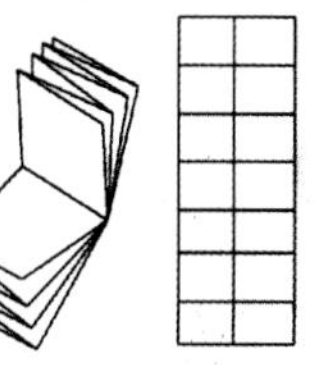

图 2-3　折页方法 2

垂直交叉折　　平行折　　混合折

图 2-4　折手的折法

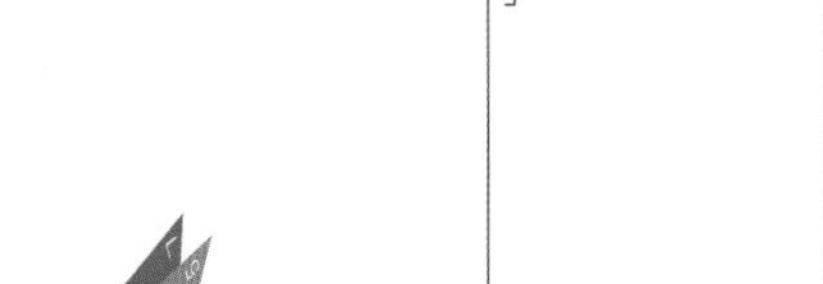

垂直交叉折（8 个 P 的示意图）

图 2-5　垂直交叉折 8 个页面的示意图

2.1.4 精装书的术语

精装书一般以中高档画册为主，精装书的制作是书籍装帧中较为繁杂的一门工艺。在出版的过程中，精装书不同的组成部分也拥有自己的名字，即自己的专业名称。我们将图书的基本组成分为三个部分：书芯、页面和网格。

1. 书芯

书芯如图 2-6 所示，其各个组成部分的解释如下。

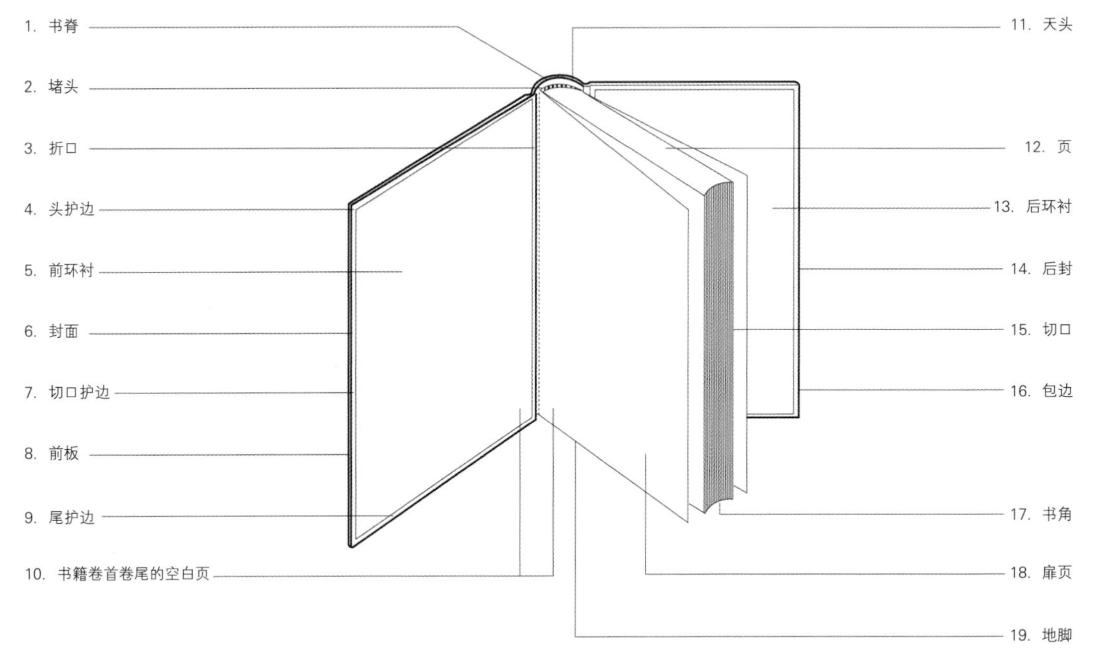

图 2-6　书芯

（1）书脊：是书刊厚度，连接书的封面和封底，也是以缝、钉、粘等方法装订而成的转折，包括护封的相应位置。

（2）堵头：把各个部分通过锁线结合到一起的窄线条，为了配合书面装订效果，通常是有颜色的。

（3）折口：书籍卷首卷尾的空白页与环衬和扉页之间的折叠处。

（4）头护边：图书顶部的小护边。封面和封底的纸板比图书纸张稍大而形成的。

（5）前环衬：卷首空白页，在封面薄板的里面。

（6）封面：附加的厚纸或薄板，起到保护书芯的作用。

（7）切口护边：由封面和封底纸板形成的保护图书的小护边。

（8）前板：书籍包装的一种封面薄板。

（9）尾护边：图书底部小的护边，封面、封底纸板比图书纸张稍大而形成的。

（10）书籍卷首卷尾的空白页：盖住封面内侧的厚纸板，支撑折口。外面一页是环衬或纸板，能够翻动的是扉页。

（11）天头：书的顶部。

（12）页：单独的装订页，或者书的左右页。

（13）后环衬：卷尾空白页，在封底薄板的里面。

（14）后封：是封底的一种传统称谓，与“前封”（封面）相应。

（15）切口：图书的边缘。

（16）包边：书籍的一种包装形式，封面的纸张或者布料从外面折到里面。

（17）书角：图书的底部。

（18）扉页：是封面和内页内容及风格的连接点，一般是重复封面的内容，以免封面破损影响查阅书名。

（19）地脚：指书籍中最下面一行字纸张的底部。

2. 页面

页面如图 2-7 所示。其各个组成部分的解释如下。

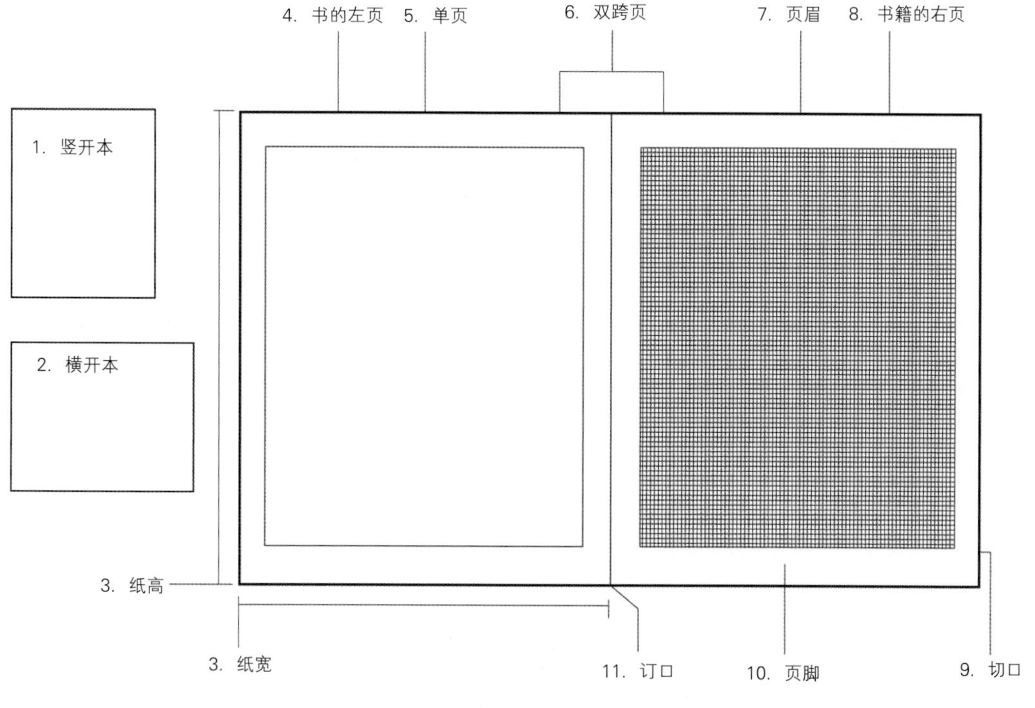

图 2-7　页面

（1）竖开本：指书刊上下（天头至地脚）规格长于左右（订口至前口）规格的开本形式。

（2）横开本：与竖开本相反，是书刊上下规格短于左右规格的开本形式。

（3）纸宽、纸高：纸张的大小。

（4）书的左页：按折手流水号通常标注偶数页码。

（5）单页：装订在左边的单独一页。

（6）双跨页：两张正面打开的页面内容被设计在同一张页面上，内容跨越装订线排列。

（7）页眉：书的顶部。

（8）书籍的右页：纸张的正面，按折手流水号通常标注奇数页码。

（9）切口：书页裁切一边的空白处。

（10）页脚：图书的底部。

（11）订口：指书刊需要订联的一边。

3. 网格

网格如图 2-8 所示，其各个组成部分的解释如下。

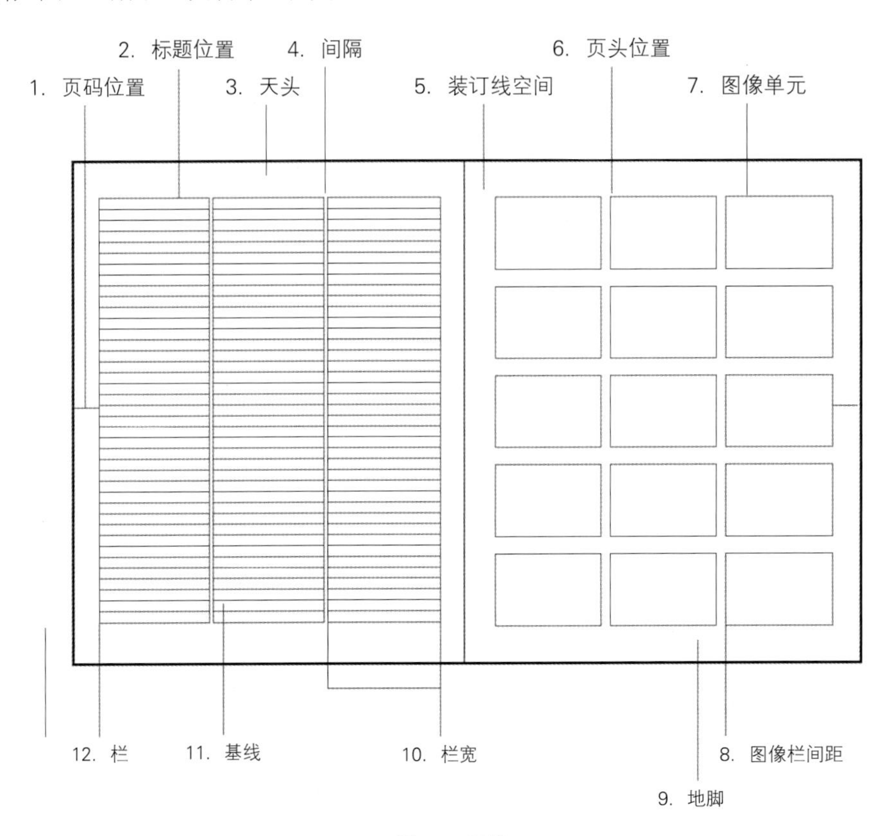

图 2-8　网格

（1）页码位置：确定页码位置的线。

（2）标题位置：网格中确定标题位置的线。

（3）天头：指书籍中（含封面）最上面一行字头的书刊版心线上，书页边之间的部分。

（4）间隔：栏与栏的纵向空间。

（5）装订线空间：距离装订最近的内部空白。

（6）页头位置：确定页头位置的网格。

（7）图像单元：通过基线、空白线留出的图像位置。

（8）图像栏间距：图片之间的空白距离。

（9）地脚：指书籍中最下面一行字到书刊下面纸边之间的部分。

（10）栏宽：栏宽决定了每行的宽度。

（11）基线：字体坐落的线，x 在线上，下降字母则悬挂在线上。

（12）栏：网格上用来排列字体的长矩形空间。网格上的栏因为宽度的不同而有很大区别，但是通常高都要长于宽。

2.1.5　计算书脊位

图 2-9 所示为书脊。

图 2-9　书脊

有线胶装和无线胶装在计算书脊位时，计算方式为：纸厚度 × 页数 ÷2，然后在所得数的后面加 0.5 ～ 1mm 的厚度。增加厚度是因为印刷工艺过程中油墨、喷粉及书脊背上的胶水，会增加书脊的厚度。此外，套书外包装也会增加书籍护封的厚度，如图 2-10 所示。

图 2-10　套书护封书脊

纸张克数与厚度的换算如表 2-1 所示。

表 2-1　纸张克数与厚度的换算

克数 /g	80	105	128	157	200	250	300
厚度 /mm	0.06	0.08	0.09	0.13	0.13	0.23	0.23

2.1.6　正式出版物成品印刷设计案例解析

正式出版物要求的印刷设计内容归纳如下。

（1）非画册类的普通读物常包括书籍的封面、封底、书脊、扉页、版权页（CIP 数据）、前言（后序）、目录页、条码、书号等内容。

（2）选择纸型，纸张克数（纸张克数会影响书脊厚度），材质种类。

（3）若是纯文字类读物，通常文字排版起始页位于右页；若是图文并茂的读物，通常以展开码即左右页同时进行编排设计。

以文为主的展开码版式如图 2-11 所示。

图 2-12 所示为第一届国际连环画特别荣誉奖、第六届全国美展金奖作品《邦锦美朵》精装本。设计这本书使用的软件、规格、材质和印后工艺说明如下。

图 2-11　以文为主的展开码版式

图 2-12　金奖连环画《邦锦美朵》精装本（韩书力绘）

（1）软件应用：图像编辑为 Photoshop 软件，图文编排为 FreeHand 软件。

（2）规格：开本为 787mm×1092mm（1/12），精装印前设计，成品尺寸为 260mm×270mm。

（3）材质：封面 200g 牙粉纸，内页 157g 牙粉纸。

（4）印后工艺说明：锁线胶装，精装覆哑膜。

画册类读物除上述要求的内容外，在印刷设计时还需考虑印刷后道加工方法及种类。

印刷设计时，若版权页（CIP 数据）置前，通常设计于左页，置于扉页背面。若版权页（CIP 数据）置后，通常设计于右页，尽量不要将版权页印于书籍内文（书芯）的外部页码，以免破损。《图书设计艺术》一书 CIP 数据页（版权页）如图 2-13 所示。

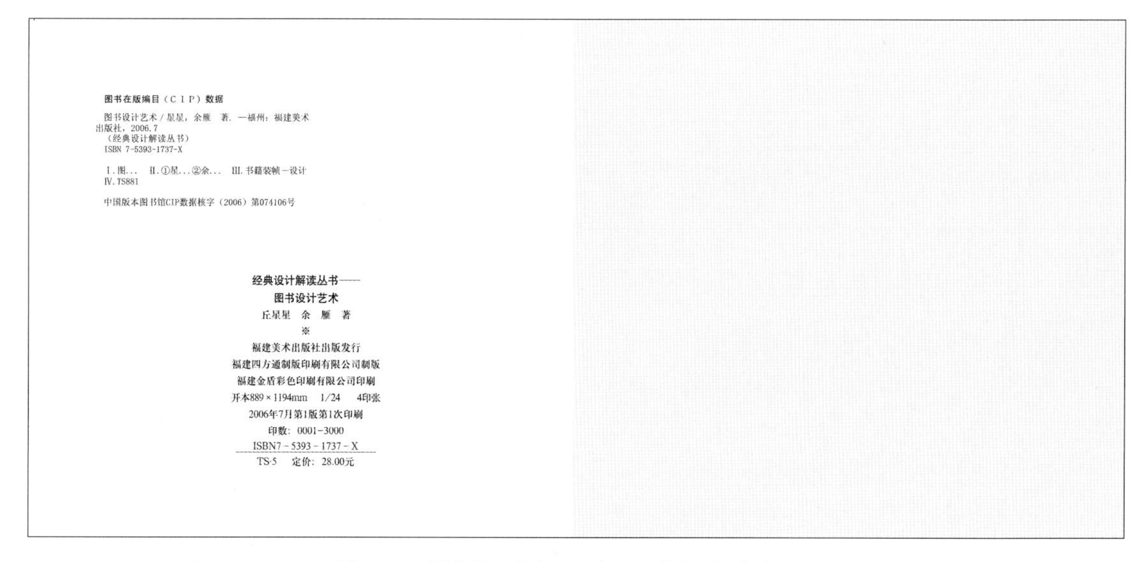

图书在版编目（C I P）数据

图书设计艺术 / 星星，余雁　著. —福州：福建美术出版社，2006.7
（经典设计解读丛书）
ISBN 7-5393-1737-X

Ⅰ. 图…　Ⅱ. ①星…②余…　Ⅲ. 书籍装帧—设计
Ⅳ. TS881

中国版本图书馆CIP数据核字（2006）第074106号

经典设计解读丛书——
图书设计艺术
丘星星　余　雁　著
※
福建美术出版社出版发行
福建四方通制版印刷有限公司制版
福建金盾彩色印刷有限公司印刷
开本889×1194mm　1/24　4印张
2006年7月第1版第1次印刷
印数：0001-3000
ISBN7-5393-1737-X
TS·5　定价：28.00元

图 2-13　《图书设计艺术》一书 CIP 数据页（版权页）

《指示牌》一书的印前设计（包括印刷后道工序）说明如下。

（1）软件应用：封面设计为 FreeHand 矢量软件，封底设计为 Painter 和 FreeHand 软件。

（2）规格：开本为 889mm×1194mm，1/24（大 24 开）4 印张。

（3）材质：内文为 157g 牙粉纸，封面为 200g 牙粉纸。

（4）印刷后道工艺：封面底覆哑膜、封面局部（文字）UV、局部钢刀工艺（模切）。

《指示牌》一书的条码位置如图 2-14 所示。

图 2-14　《指示牌》一书的封底条码

应用时，可根据具体设计形式而定。

制版前的拼版折手需由印刷公司提供，因为不同印刷部门使用的印刷设备（折纸机）各不相同。

使用 FreeHand 图文编排软件时，图片必须与排版文件共放入同一个文件夹中，以免无法链接图文。

FreeHand 和 InDesign 排版软件适合印张多的图书编排。其中 FreeHand 适合图片多的图文混排书籍，InDesign 则适合以文字为主的书籍排版。

印前需将图文转为路径，俗称“转曲”，再导出 EPS 格式，方能印刷。

2.2　CMYK印刷色彩应用

从色彩重构的角度分析，印刷色彩应用过程中，由于高新技术的应用，除矢量图形外，所有需要进入印刷程序的图像，都将经过高分辨率扫描仪的过程输入信息，再导入计算机，或直接由数位相机的数据导入计算机进行印前制作，按实际应用的图像色彩及印刷标准进行色彩重构（修正），以达到完美的视觉效果。

此外，印刷设计中，倘若应用计算机矢量图形（computer generated graphics），则可更自由地发挥色彩经验的想象空间，创造更为理想的图像。因为矢量图形的像数均为高分辨率标准，是理想的印刷模式，如图 2-15 所示。

在印刷色彩的重构训练中，注重应用计算机各种软件色彩体系的视觉功能，按照色立体的规律进行排列、配置，均需以数字式百分比色彩含量进行混合配置，强调理性分析计算机屏幕色光，由视屏感应色彩还原为实际材质应用色彩。

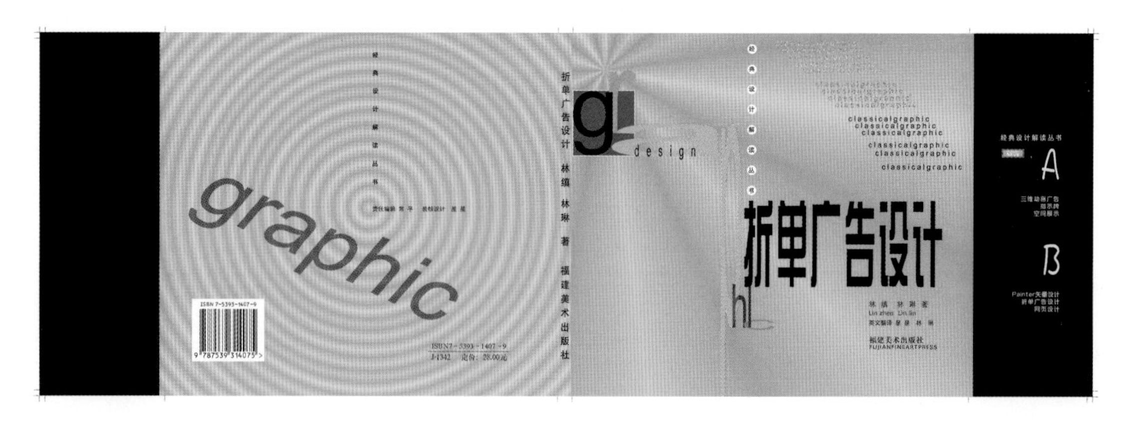

图 2-15 《折单广告设计》一书的封面和封底

如平面设计（Graphic design）中，采用国际四色印刷标准 CMYK（蓝红黄黑）色彩体系或 Pantone 专色印刷。

三维空间设计（3Dimension design）、多媒体设计（Multi-media）、网页设计（Webdesign）和影视装置（Multi-Installation）常用 RGB（红绿蓝）光源色系展示其环境材质色彩、设计理念色彩等，但是倘若上述图像设计内容需要作为印刷品形式出版，则必须将所有图像文件中原来的 RGB 色系转换为印刷色系 CMYK，并根据不同软件色系进行处理，如 Photoshop 的色系与 FreeHand 的色系视屏显示色彩完全不同，但只要将色彩值数调至相同数值时，其印刷效果是相同的。例如在 Photoshop 软件中出现的印刷色系为 C20、M50、Y30、K5，与 FreeHand 软件中出现的印刷色系同样为 C20、M50、Y30、K5，在屏幕显示色彩中完全不一样，但是在印刷样张中是完全相同的，如图 2-16 和图 2-17 所示。

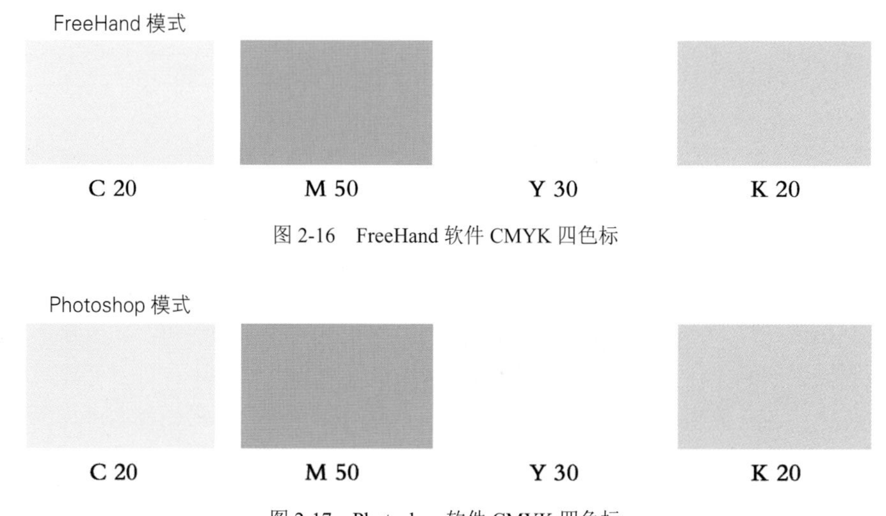

图 2-16 FreeHand 软件 CMYK 四色标

图 2-17 Photoshop 软件 CMYK 四色标

所以，两种软件结合使用时，切忌以视觉生理感应的色彩作为印刷标准色彩，应该严格按照数字输入数据执行程序。

为了使印刷成品色彩达到行业量化标准，我们在以下章节介绍电子分色原理，以便使用者掌握应用规律。

2.2.1　彩色印刷基础知识

1．色彩的分解——电子分色照相原理

彩色制版印刷中的分色照相原理，是利用补色对相互吸收色彩的现象，透过 R、G、B 光源色三色滤色镜将彩色原稿中的 Y、M、C 印刷三原色分离出来。例如，红色与绿色为互补色，所以红色滤色镜中可以将原稿中的绿色图形分离出来。绿色与洋红色互为补色对，绿色滤色镜中可以将原稿中的洋红图形分离出来。总之，补色对中的色彩图形在滤色镜中均可相互从中分离出来。

2．电子分色

电子分色照相原理如图 2-18 所示。

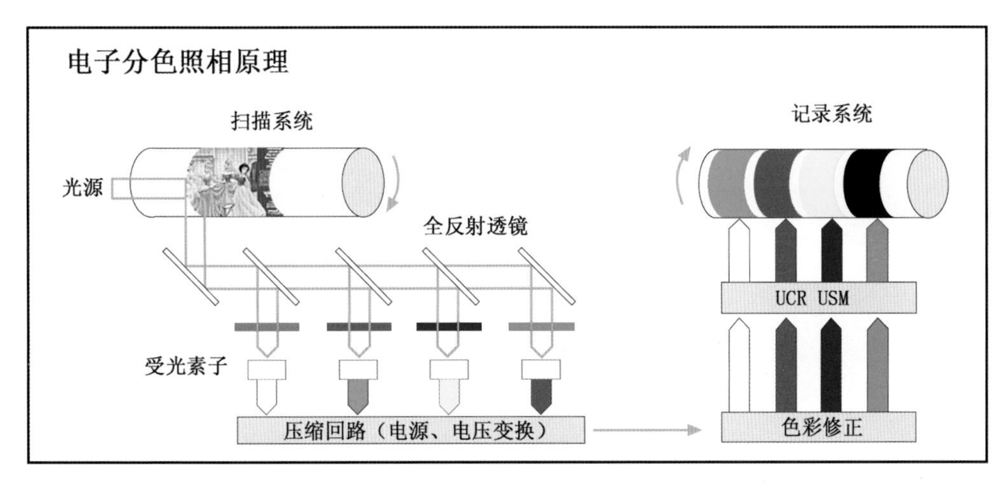

图 2-18　电子分色照相原理

电子分色是目前应用最广泛的分色方式。电子分色又称为电子扫描（Scanner）分色，简称电分。CMYK 电分原理如图 2-19 所示。

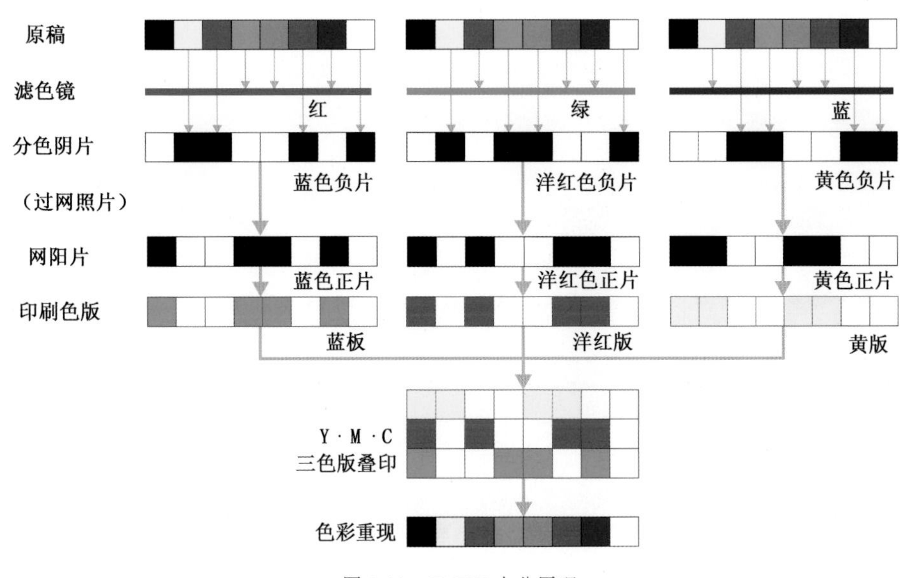

图 2-19　CMYK 电分原理

电分是由扫描、控制和记录三个系统组成。

（1）扫描系统是输入部分。它的作用是对原稿用镭射光源扫描感应，将原稿图片上的深浅色阶变化转变为强、弱的光量后，再转为强弱的电讯传至控制系统。

（2）控制系统是演算部分。它的作用是将扫描系统传送的图文电讯符号，控制调整达到印刷适性的目的，将电讯（信号）分解为 C、M、Y、K 四色版的强弱图文讯号。

（3）记录系统是输出部分。它的作用是将已转换完成的 C、M、Y、K 各色版强弱印刷讯号，经由强弱镭射光束记录于分色制版的专业软片上。若原稿图版差太大，电子分色机亦可将某一阶段的色调浓度改变，制作出适于印刷理想层次色阶的分色片。

电子分色机有圆筒滚轴式扫描、平台扫描两种，透射、反射、可卷曲、不可卷曲的原稿皆可通过不同功能的电子扫描进行分色处理。

出版印刷设计中，了解印刷设计程序及新技术的利弊，对有效设计方案的执行，是极其重要的。

四色分色网点分布原理如图 2-20 所示。

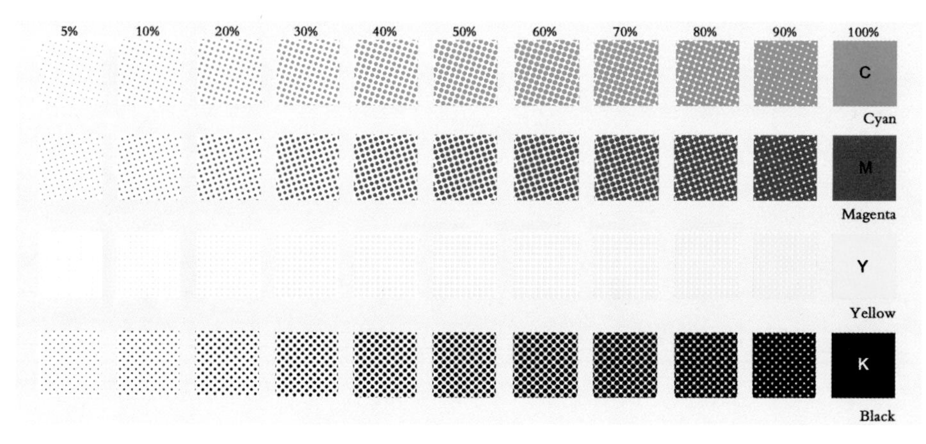

图 2-20　四色分色网点分布原理

3. 图解电子分色照相原理

（1）四色分色图片。

① 四色版图片（CMYK 版）如图 2-21 所示。

② 菲林四色分色版图片如图 2-22 ～图 2-25 所示。

图 2-21　四色版图片（佳佳影像成品）

图 2-22　菲林 C 版

图 2-23　菲林 M 版

（2）CMYK 四色分色图片。

CMYK 彩色版（C 版）如图 2-26 所示，CMYK 彩色版（M 版）如图 2-27 所示，CMYK 彩色版（Y 版）如图 2-28 所示，CMYK 彩色版（K 版）如图 2-29 所示。

图 2-24　菲林 Y 版

图 2-25　菲林 K 版

图 2-26　彩色 C 版

图 2-27　彩色 M 版

图 2-28　彩色 Y 版

图 2-29　彩色 K 版

四色印刷就是利用分色照相原理将原稿先分解为 C、M、Y、K 四个分色版，再将每个分色版经过网照相的处理，产生密布大小的网点，经过四色套印就可得到 C、M、Y、K 四色印刷的成品。

绘画作品的四色版效果如图 2-30 所示。

图 2-30 所示作品的菲林四色版如图 2-31 ～图 2-34 所示。

图 2-30 所示作品的印刷分色样 CMY 三色版如图 2-35 ～图 2-37 所示。

图 2-30　四色版效果

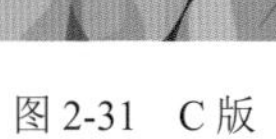

图 2-31　C 版

图 2-32　M 版

图 2-33　Y 版

图 2-34　K 版

图 2-35　C 版分色样

图 2-36　M 版分色样

图 2-37　Y 版分色样

图 2-30 所示作品的印刷分色样双色混合 K+C 版如图 2-38 所示，三色混合 K+C+M 版如图 2-39 所示。

图 2-38　K+C 版印刷分色样

图 2-39　K+C+M 版印刷分色样

图 2-40　专色印刷

2.2.2　专色印刷

专色印刷如图 2-40 所示。

专色是指一种印刷油墨，专色即 Pantone 油墨色彩，不是通过印刷 CMYK 四色合成的色料，对于印刷品而言，设计的专色工艺应在印前先制作专色版，通常使用 CMYK 模拟专色的颜色，如 Pantone 彩色匹配系统就创建了很详细的标准色样卡。

2.3 书籍印刷打样基础

打样通常分为机器打样和手工打样，是最接近印刷的一种方法。与印刷设备相似，使用实际印刷中的纸张和油墨，用输出的菲林（film）晒版，并置于一台模拟印刷机的打样设备，其优点在于它的精确性，这样得到的印张与印刷机上得到的基本一致。

1. 页面打样

页面打样是在文件送交印刷之前，检查可能造成严重损失的错误的最后一次机会。对印刷机操作人员来说，即作为标准印刷样张。

菲林出片后，在亮台上核对四色菲林，检查是否有撞网、套印、出血位不准等一些细节问题，检查单黑文字的菲林对样稿，检查是否有跳字或字体变异，保证后道印刷的正确率。

页面样张内容包括出现在印刷品页面上的所有元素，即文本、图像、页码及包含的基本元素。目录的样张如图 2-41 所示。

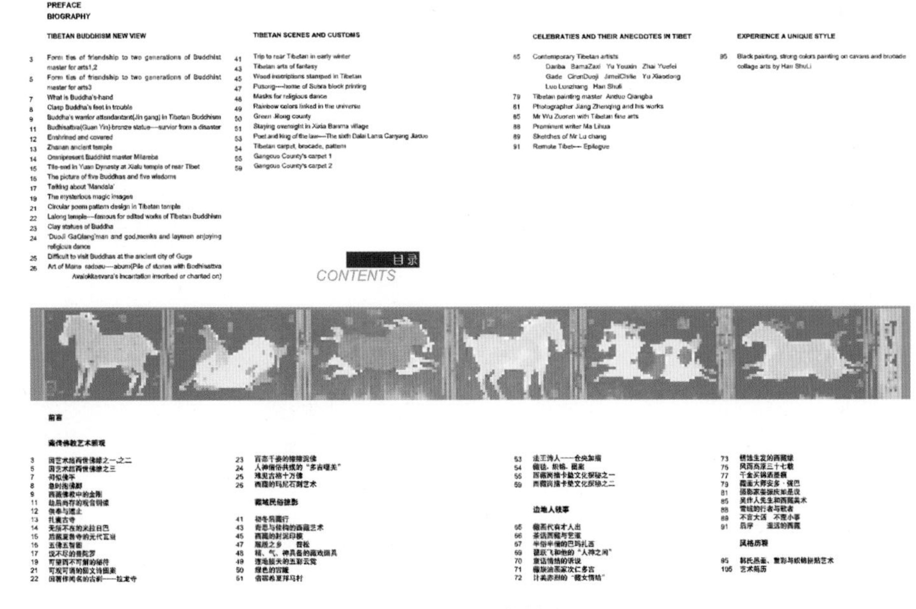

目录
CONTENTS

图 2-41　目录的样张

页面样张的具体检查内容如下。

（1）裁切线。

（2）色调像数网点的分布位置、面积是否均匀。

（3）颜色是否在不同页面上有所变动，如果有，表示裁切位置不当。

（4）出血。当图像超出实际页面边界时，出血是一种必要手段。

（5）陷印（或者是由此产生的文件丢失）。在物件接触不良时看到露出空纸而形成的白边，或者是书页间对齐时所有的元素位置因重排而产生的变化。

（6）页码是否正确排序。

（7）内文单黑文字是否正确，字号大小是否与原稿一致。

在上述问题解决之后，页面样张得到确认，方可与菲林一起送交付印。

2. 专色

专色称为 Pantone 色，与印刷基本色 CMYK 稍有不同。

Pantone 色彩是一种恒定的颜色，在打样过程中，要经常从印刷品中抽查样张，确保色调一致。通常打样机在进行专色打样时采用模拟 CMYK 色彩模式打样，如图 2-42 所示。

图 2-42　CMYK 色彩模拟专色打样套准

打样方法如下。

（1）颜色混合：当同时使用两种专色时，将两种油墨涂抹在一起即可。

（2）双色模式、三色模式和四色模式：应置于极其精确的系统上对文件进行打样。

（3）陷印：专色不同于基本色，在不同颜色的物体之间没有过渡色彩，这就增强了对陷印打样的需要。

大多数叠印打样系统具有专色叠印功能，效果真实，但成本高。

3. 打样的作用

（1）印前打样颜色检查。

上机批量印刷前，印刷机操作人员可以通过改变印刷品上特定区域所给墨量增减来调整图像的颜色。精细的颜色校正是最后关键步骤的一部分。

印刷前，为了能看到最终的成品效果，排除电脑屏幕和彩喷稿的误差，在出菲林、制版后，用印刷的传统工艺（机器或手工）打样，可以为客户提供审稿校样的依据，作为出版物正式印刷的签样稿，如图 2-43 ～图 2-45 所示。此外，打样可以作为上机印刷的墨色、规格、纸张等的参照依据。

（2）模拟打样与数位打样的区别。

① 模拟打样需要用胶片晒版后才能打样，而数位打祥则直接将数据文件传送到打印机上即可输出样张。

课后训练题

一、填空题

1．中国标准书号是由 __________ 和 __________ 两部分组成。其中 __________ 可独立使用。

2．ISSN 表示国际 ________，期刊是指任何 _______ 定期或不定期连续出版的刊物。

3．正式出版物的印刷内容在印前检查中还包括 ________、________、_________、_________。

二、选择题

1．一本书的页数为 360 页。开数为 12 开，此书的印张应该为 __________ 个印张，其公式为 ________。

A．30　总页数 × 开数　B．30　总页数 ÷ 开数　C．12　总页数 × 开数

2．折手的折法是根据 ________ 的 ______ 来定。设计师根据用户的要求选择与印刷设计相适的折手，以便后道工艺更完美。

A．折页机　型号　　B．印刷机　型号　　C．打样机　型号

3．正度全开纸尺寸一般为 ____________，大度全开纸尺寸为 ____________，那么，正度 16 开尺寸应是 ___________，大度 16 开尺寸为 ____________

A．787mm×1092mm　889mm×1194mm　186mm×260mm　216mm×285mm

B．889mm×1194mm　787mm×1092mm　186mm×260mm　216mm×285mm

C．787mm×1092mm　889mm×1194mm　216mm×285mm　186mm×260mm

三、实训题

自选书籍内容体裁，按印刷设计工艺要求印制样书一本。

1．设计要求

（1）开本为 889mm×1194mm，1/16，8 印张。

（2）封面材质为 200g 牙粉纸。

（3）内页材质为 175g 铜版纸。

2．印后工艺

（1）封面为覆哑膜，书名 UV。

（2）环衬为描图纸或特种纸。

（3）护封为模压或模切工艺。

第 3 章

数字印刷

2009 北京世界设计大会
ICOGRADA WORLD DESIGN CONGRESS
2009 BEIJING

3.1 数字印刷技术发展概述

与传统雕版印刷上千年的历史相比，数字印刷技术的诞生不过数十年的历史。1993 年在 IPEX 展会上世界首台数字印刷机 Indigo（日本），被国际印刷行业推举为具有“真正意义上”的数字印刷机，此后，数字印刷技术在硬件、软件以及与之相适应的材料应用方面均取得可观的成就，在 2008 年作为引领印刷技术发展新潮流的德鲁巴展会上，有 64 家参展商展示了各类数字印刷机，可见数字印刷设备发展之快，商业竞争之激烈，队伍之庞大。

进入 21 世纪后，跨国企业的商务印刷产量的不断扩展，推动了中国快印市场的迅速发展，各类对外印刷加工单的高品质要求逐渐为凸显高精度数字图像化优势的数字印刷行业开拓了一个宽广的市场，取代了传统胶印机不能完成的设计打样业务，迄今为止，虽然数字印刷技术真正进入我国行业领域不过近十年的时间，但是借助网络信息技术的优势，业务量增长显著。

目前，中国数字印刷消费市场在现阶段主要来自跨国公司在内的大企业、各类型展会，以及国家机关办公用品，分布的地区多为经济发达的东部省市，较为集中的地区有北京、上海、广州等城市。据调查资料表明，被广泛使用的数字印刷机品牌有富士施乐、HP Indigo、柯达 NexPress、Xeikon、佳能、奥西、方正印捷、柯达万迎、爱普生（Epson），惠普公司和 IBM 公司的数字印刷机在国内也有一定数量的用户。值得一提的是，国产全介质数字印刷机“彩客”的问世，受到短版全介质个性化印刷市场的追捧。我们将在第 4 章节介绍全介质数字印刷技术工艺应用的优越性。

3.1.1　数字印刷技术的前身——喷墨打印机

自从 1885 年全球第一台打印机诞生之后，针式打印机、喷墨打印机和激光打印机相继问世，它们在各个时代扮演了各种重要角色，从技术、品牌与产品乃至市场应用与消费者服务宗旨等方方面面，为数字印刷技术及应用发展奠定了一个坚实的技术基础和服务于消费者的社会基础。其中喷墨打印技术的发展最为成熟。

1. 喷墨技术原理

喷墨打印技术的工作原理是利用打印墨头喷嘴产生的小墨滴，喷印至由设计稿设定的位置上，形成喷印轨迹——图像和文字，墨滴越小，打印的图像越清晰，如图 3-1 ～图 3-2 所示。

2. 喷墨打印机的发展历史

伴随打印高新技术软硬件的不断升级，喷墨打印机解决了从单色打印发展至彩色打印的技术方案，从 1976 年 IBM 诞生第一台商业化喷墨打印机至 1991 年第一台彩色喷墨打印机以及单色大幅面打印机问世，“彩喷”技术的应用为消费者的工作与生活带来巨大的便利，亦成为喷墨打印机发展史上的里程碑。

1976 年，西门子科技的三位先驱研究人员 Zoltam、Kyser 和 Sear 成功研发出压电式控墨技术（控制墨点），1994 年爱普生（Epson）在历经近 20 年的压电技术研究之后，成功将微压电打印技术应用于打印机领域，实现了产品化。

图 3-1　喷墨打印产品 1

图 3-2　喷墨打印产品 2

2000 年惠普公司第一款支持自动双面打印的彩色打印机（HP DJ970cxi）问世，2003 年又推出 8 色墨水技术的数字照片打印机，2005 年惠普公司推出全球首款 photo smart 9 色照片打印机，令图像色彩应用的质量又一次升级。

随着社会的进步，高新技术日新月异，人们日常生活水平逐步提高，消费者对打印机的市场需求均不约而同地聚焦于照片的打印，喷墨打印技术通过追求高分辨率，低墨滴体积的色彩还原方法使图像处理技术达到卓越的水平。

3.1.2　喷墨技术的种类

如上所述，西门子科技生产出世界上第一部具有商业性质的喷墨打印机，以压电式墨点（Epson 技术的前身）控制技术进入市场。日本佳能（Canon）的研究人员在 1979 年成功研究出 Bubble Jet 气泡式喷墨技术，即利用加热组件对喷头产生气泡压力，利用墨水本身的物理性质冷却热点消退气泡，以达到控制墨点进出与大小双重特点，亦称为热喷墨打印技术。

1. 根据打印用途分类

1991 年，利用热喷墨打印技术原理，惠普公司推出第一台彩色喷墨打印机和大幅面打印机。HP Design Jet 则是惠普公司首次将热喷墨打印技术应用于大幅面打印机中，至此推出世界上第一台单色大幅面喷墨打印机。1994 年 6 月，国内出现了经本土改造过的产品 HP Desk Jet（桌面彩喷机）。

无论是压电喷墨技术还是热喷墨技术，都具有针对不同打印用途的使用特点，给当时的广告领域与图像市场开辟了更多的应用途径。

2. 根据使用场合分类

从中国消费市场来看，喷墨打印机基本可分为家用市场、商务办公市场、专业输出领域和照片输出领域四大方面。2002 年以后中国市场不少用户更青睐照片打印，现代化的生活方式推动了家庭用户对于打印机的需求。数字相机、打印机等系列的外设组合及丰富的应用性为家庭生活带来更多乐趣，提高了生活品质。此外，商务办公市场、照片输出领域同样具有强大的可适性及便利性。

3. 根据数字写真涂布层材质的各种用途分类

（1）户外广告，如图 3-3 所示。

（2）大幅面喷绘广告，如图 3-4 所示。

图 3-3　户外广告

图 3-4　大幅面喷绘广告

（3）展示写真喷绘，如图 3-5 所示。

（4）招贴，如图 3-6 所示。

（5）指示系统，如图 3-7 ～图 3-9 所示。

图 3-5　展示写真喷绘

图 3-6　招贴

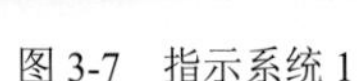

图 3-7　指示系统 1

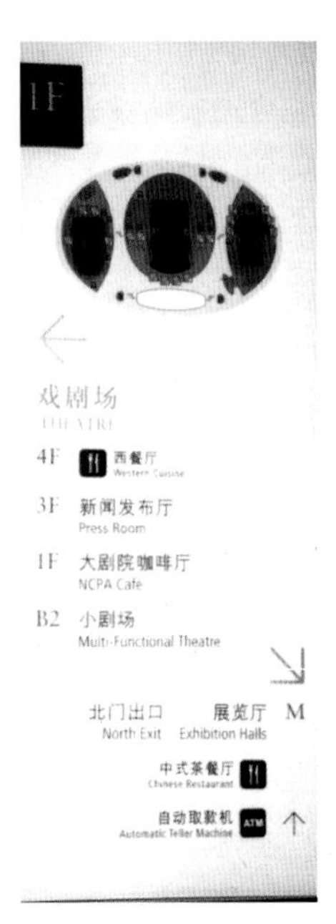

图 3-8　指示系统 2

图 3-9　指示系统 3

3.1.3　数字革命与印刷技术的发展

在我国，数字印刷机的发展与数字技术的行业应用标准关系极为密切，与数字印刷相关配套的技术流程上，需要经过以下几个步骤：① 数据传输；② 传输过程的网络化；③ 印刷品完成版面的数字化；④ 模拟菲林的数字化；⑤ 计算时间的高速化。这一系列的问题尚待完善，同时也对全社会的互联网应用提出高标准的要求。

数字化工作流程是印刷业适应网络时代的一种必然的发展趋势。通过建立数字化工作流程，印刷厂不仅可以实现内部印前、印刷、印后整个生产过程一体化全数字处理，而且还将以完成印刷订单为目的的市场运作、服务的各个环节与生产衔接。通过互联网实现数据远程传输，将印刷厂、出版社、广告公司、设备材料供应商等紧密联系起来，使生产经营的全过程都纳入标准化、开放式的数字化控制管理之中。

印刷数字化流程解决方案是由一系列印刷技术的进步、市场运作、经营管理与生产工艺过程控制构成的整体解决方案。

数字化印刷设备的整体解决方案使数字印刷更接近传统胶印质量，并在向高速、高质、宽幅、自动化发展。从原稿输入到印后加工全套数字化印刷加工系统及连锁经营，是数字化印刷的一大特点。这就更加适合新兴的按需印刷、个性化印刷市场。

毋庸置疑，数字印刷的作用一旦与网络技术结合，便能构建不受时空（时间与距离）制约的全球化服务体系，一种按需服务的模式，在用户需要的地点、时间提供各种印刷品、出版物、商品包装。目前网络出版与网上印刷业已凸显其优势，未来的数字印刷与网络基础的结合将超越这类运作模式，为全球用户提供最为便捷的服务方式，这就是数字印刷魅力的真正所在。

3.1.4　未来印刷业的特征

未来印刷业的特征如下。

（1）印刷不只是产业。

（2）印刷中信息技术含量越来越高，IT 与印刷融为一体。

（3）印刷成为传播信息的媒介。

印刷内容的可变性和个性化、按需、适时、便于远程获取等因素，将成为未来印刷出版业的特征，传统的定点、专业印刷不再能满足人们的需求。出版、印刷、发行之间的界限将不再明显，直至完全一体化。

未来印刷的业务形态表现为如下几个方面。

（1）网络印刷。

（2）按需出版。

（3）按需印报。

（4）数据快递服务。

（5）信息增值服务。

3.1.5　数字印刷的发展前景

对于全球的印刷企业来说，向数字印刷发展是大势所趋。有关资料表明，在美国，2006 年新增 33% 的数字印刷工作实现多样化和个性化，其中定制印刷在印刷市场的增长率已达到 14%，直接从网络玻璃印刷的活件增长率已经超过 100%（玻璃印刷泛指平版数字印刷机，非滚筒式）。

从印刷产量份额来看，有 78% 的四色胶印活件的份数已经减少至 5 000 份以下。数字印刷已经成为最具发展潜力的一种印刷方式。

美国著名的印刷专家 Frank.Romano 认为，数字印刷将作为胶印、网印和柔印的补充，并且与之竞争；网络化的激光打印机将会挑战复印机，复印机挑战数字印刷，数字印刷挑战胶印，而喷墨将会挑战全部；数字印刷的质量将不再是问题，数字印刷将会影响到印刷行业的方方面面，玻璃印刷将会在艺术品、包装、标签印刷、纺织品、书、广告印刷品上得到广泛应用。

2006 年 Romano 在美国印刷业现状分析讲座上预测，到 2012 年，曾经包揽印刷业的胶印市场份额将会降到 60%，其他将被可变数据印刷等方式所取代。到 2015 年，胶印所创造的收入占印刷行业总收入的比率将会降到 45% 左右，数字玻璃印刷则上升至 30%，其他则会被辅助服务所占据。

中国印刷市场的发展虽然与美国不同，但从历史经验看，也只不过是“进度”的差异而已，关键是中国印刷业能否在美国市场的变更中寻求中国数字印刷发展的可行之径。

3.2　数字革命与短版印刷

进入 21 世纪，数字技术升级的浪潮，真可谓一浪高过一浪。与之密切相关的数码短版印刷因其广泛的应用发展空间成为我国印刷业中一个高光亮点而备受行业关注。

在瞬息万变的时代，与传统胶印机的长版印刷相比，数字印刷在短版印刷领域更受青睐。所谓“短版”，顾名思义，是印刷量少（一般为 100 ～ 200 份）、时间紧迫感强的意思。短版印刷有两大特点：① 印品订单内容的多样化；② 印品设计形式需求的个性化。

3.2.1 印品订单内容的多样化

在广告市场应用中，大多数广告印品设计呈现出系列化特点，其中不少设计元素（包括图像及文字）均需要变更，在市场经济的作用下，不少产品的信息投放市场周期愈加缩短，这样的商品订单有利于随时把握行业动向，及时更换各类广告媒介内容。这样的印品反映的问题只有通过数字印刷技术方能解决，下面来看一些案例。

（1）直邮、折页广告，如图 3-10 所示。

（2）招贴广告，如图 3-11 所示。

图 3-10 直邮、折页广告

图 3-11 招贴广告

（3）画廊折单广告，如图 3-12 和图 3-13 所示。

图 3-12 画廊折单广告 1

图 3-13 画廊折单广告 2

（4）商品广告，如图 3-14 和图 3-15 所示。

图 3-14　商品广告 1

图 3-15　商品广告 2

数字印刷的便利在于直接与网络技术并用，印刷样张无须菲林输出、制版、晒版，可直接将印品数据由网络技术传送，通过计算机输出文件，由排版软件检测确认 Rip 之后，便可输出成品。

3.2.2　印品设计形式需求的个性化

印品设计形式需求的个性化往往在包装印刷中体现得尤为突出，目前常见的数字印刷机多以带涂层的仿真性材质完成类似的印刷成品，每一种数码机型均有配置相应的各类专项涂层仿真纸张材料来完成这类设计形式需求，耗材成本较高，下面来看一些案例。

（1）涂层喷绘，如图 3-16 所示。

（2）涂层仿真喷绘，如图 3-17 和图 3-18 所示。

图 3-16　涂层喷绘

图 3-17　涂层仿真喷绘 1

图 3-18　涂层仿真喷绘 2

3.3 数字打样

3.3.1 软打样和硬打样

打样是印刷工艺中最为重要的一个成品环节，在行业界分为软打样和硬打样两种。

（1）软打样无须通过出菲林、晒 PS 版。

（2）硬打样则需通过出菲林、晒 PS 版再打样。

成品样张完成之前的工作必须在打样前进行量化标准跟踪检查，即印前工作。

数字打样的印前工作流程为软打样，将网络数据传输进计算机文件置入与之相应的软件进行检查，即印前制版基础检查的所有内容：CMYK 四色角线（出血线）、文字、图像是否对位。

3.3.2 拼版文件

拼版文件需将折手的流水号与拼版文件序号相对照，检查无误方可输出。折手流水号（下行）与展开码设计页码（上行）对应，如图 3-19 所示。

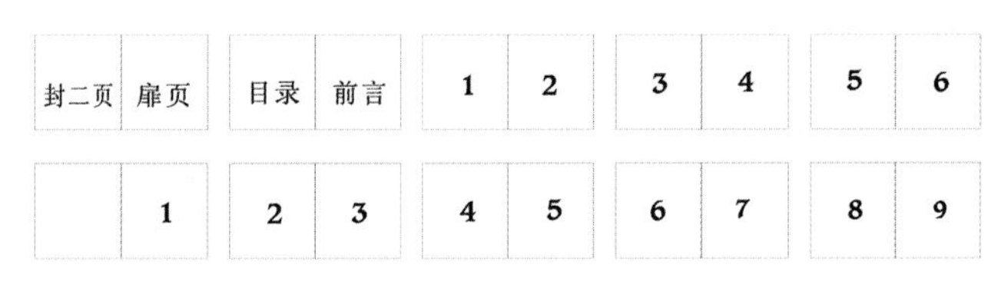

图 3-19　折手的流水号与拼版文件序号对照

3.3.3 打样

置入色彩管理软件，选择印刷的色彩曲线 ICC（Identity Colors Curve 标准色彩）模式，进行 Rip（即印刷文件模式转换为可输出成品的色彩管理模式）。

数字打样的流程比传统打样的工序更为便捷，其中可减少输出菲林、晒 PS 版、制版三个环节，而且大大缩短了印品勘误校版的时间，保证了印前工作完成的品质与速度。

3.3.4 数字印刷材料

数字印刷设备在印刷质量、速度以及承印物范围上的提高，离不开数字印刷的涂层材料。

随着数字印刷市场竞争的日益激烈，数字印刷设备供应商纷纷加大了对新油墨、墨粉的研发投入。除水基油墨继续保持耐用性强等优点外，溶剂型油墨、生态油墨、热升华油墨、UV 油墨等多种电子油墨的发展使得可供选择的油墨呈现多样化发展态势。

1. 水基油墨

随着人们环保意识的日益提高，水基油墨的使用也越来越广泛。水基油墨可以复制的色域几乎是所有油墨系统中最大的，因而水基油墨一般都基于染料和颜料配方，故其使用寿命在数日到一个月，并且需要与专门的涂布喷墨承印物配合使用，这就制约了水基油墨的推广。为了保证各品牌涂布喷墨承印物的色彩持久度，通常采用印后工艺，如过塑、胶、覆膜等手段予以配合。

2. 墨粉

通常墨粉都用在静电感光成像的数字印刷机上，而奥西公司的工艺墨粉创新了墨粉的应用途径。该工艺采用了微球墨粉，奥西公司称之为 Toner Pearls，这种墨粉可以转换成胶状，成墨粉胶之后再以喷墨的方式精确地打印到纸面上，并且打印的效果为半光，图像遇水不会发生变化，而且在锐利的边缘不会出现因为墨水铺展而产生的羽化现象。

3. UV 固化油墨

施乐公司正在研发的专门用于数字印刷机的凝胶固化油墨将可以用于金属薄片、表面平滑的塑料以及硬纸板的印刷，这种凝胶固化油墨的黏稠性类似花生酱，在加热状态下，液状油墨通过喷墨的方式从打印头挤出，转移到金属薄片、塑料等承印物的表面，待冷却后再次恢复花生酱般的黏稠性，通过 UV 光固设备使油墨固化干燥。

数字印刷虽然肩负着人们对未来数字化印刷的理想，但发展却历经坎坷。随着数字印刷设备、软件、材料等多方面技术的发展，数字印刷的成本将会越来越低，应用范围也将日益广泛。

课后训练题

一、填空题

1. ______ 是数字印刷技术工作原理，利用打印墨头喷嘴产生的 _______，形成喷印轨迹——__________。

2. 目前喷墨技术种类有 _______、_______，数字印刷图像由 ______ 构成。

3. 短版印刷特点：_____________；_____________。

二、选择题

1. 打样是印刷工艺中最为重要的一个成品环节，在业界分为软打样和硬打样两种。数字打样通常为 ______。

A. 硬打样　　B. 软打样　　C. 菲林　　D. 晒 PS 版

2. 数字印刷的作用一旦与 ______ 技术结合，便能构建不受 ______ 制约的全球化 ______ 体系。

A. 网络、时空、服务　　B. 设计、个体、管理

3. 未来印刷的业务形态表现为：________ 印刷，______ 出版，_____ 印报，________ 快递服务，_______ 增值服务。

A. 胶印、统一、统一、直邮、数字　　B. 网络、按需、按需、数据、信息

三、实训题

对所在地印刷市场进行田野调查，对数字印刷技术的应用方式，及其用户群体做一次量化访问，需要提交下列内容（可以小组为单位或个人方式）：

（1）数字印刷行业的田野调查报告一份，2 000 字左右。

（2）收集各类数字印刷的图文资料（样张）。

（3）对采集的样张做一个详细的品质分析，要求检查如下内容。

① 图像文件数据（色彩模式，图像分辨率）。

② 文字是否单黑或者是四色叠加。

③ 打样稿是由网点还是墨点构成。

④ 分析样张使用的各种软件特性。

第 4 章

全介质数字印刷技术与工艺

对设计师而言，一个好的设计创意包括对成品的材质和技术量化指标的高要求；而对印刷厂来说，专业数字设备所能实现的工艺要求必须与活件品质相匹配。全介质材料是对无涂层材料的特指，也是当前个性化印刷业亟须的应用领域。下面我们选择了几类设计项目的方案，帮助学习者了解全介质数位印刷技术与工艺的工作流程和解决方案，同时也为高等院校在校生或高、中专毕业生和该领域就业者、自学者提供自主创业的思路。

4.1 全介质数字打样与设计创意

4.1.1 全介质数字印刷

全介质数字印刷市场的订单量目前在中国东南沿海地区的印刷业中已呈上升趋势，除许多出口产品的外单加工（如广告以及各类工业产品包装）外，还有出口工艺品的大量订单，这类订单的特点是量大且文件图文数据变化大，具体如下。

（1）同样规格需要输出不同图案的产品。

（2）大量外单加工根据市场更新信息，需要不断更改同一设计形式的部分图文数据。

（3）系列出版产品的同一规格不同风格的设计样张。

以下用几个案例说明。

（1）钟面样张，如图 4-1 所示。

（2）灯笼样张，如图 4-2 和图 4-3 所示（日本万圣节订单）。

图 4-1　钟面样张

图 4-2　灯笼样张 1

图 4-3　灯笼样张 2

（3）杂志封面，如图 4-4 ～图 4-6 所示。

图 4-4　杂志封面 1

（4）展示彩盒样张，如图 4-7 和图 4-8 所示。

图 4-5　杂志封面 2

图 4-6　杂志封面 3

图 4-7　展示彩盒样张 1

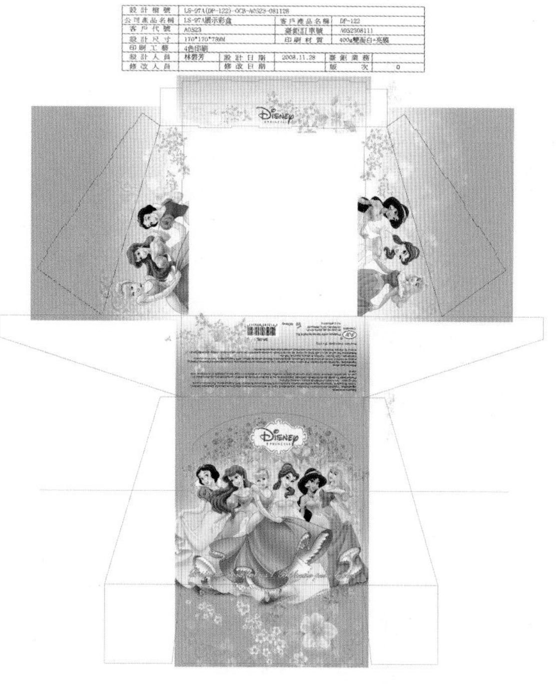

图 4-8　展示彩盒样张 2

4.1.2　书包图案的材料介质与设计创意

1．书包配饰成品

图 4-9　书包配饰

小摩托车手如图 4-9 所示。该配饰的规格为 12cm×24cm，材质为 PVC。

印前拼版的方法如下。

（1）该产品属于工业用途，大批量生产适宜卷筒式输出打印。

（2）拼版方式以斜面错位排列，如图 4-10 和图 4-11 所示。

2. 工艺说明

（1）全介质材料共用于同一产品的设计创意。

（2）完美体现个性化材料的设计创意，如图 4-11 所示。

① 软性配饰零件的加工。

② 可与通常书包工业产品加工工艺流程相互连接。

印后加工为寻边裁切工艺，如图 4-12 所示（图形红色边为模压工艺要求所制）。

图 4-10　斜面错位排列

图 4-11　书包拼版

图 4-12　模压工艺

最后一道工序将该配饰压熨贴附于书包设计稿指定位置。

4.1.3　人字形拖鞋图案设计创意与拼版工艺

1. 拖鞋成品图案

拖鞋上的花卉如图 4-13 所示。拖鞋规格为 12.5cm×18.5cm，拖鞋带宽 1.6cm，材质为 PE。

2. 印前拼版

该产品属于工业用途，适合批量生产，可采用卷筒式输出打印。

（1）拼版方式以套叠方式排列，如图 4-14 所示。

（2）拼版之后，文件转曲输出，便可上生产工艺流水线加工产品。

图 4-13　鞋带

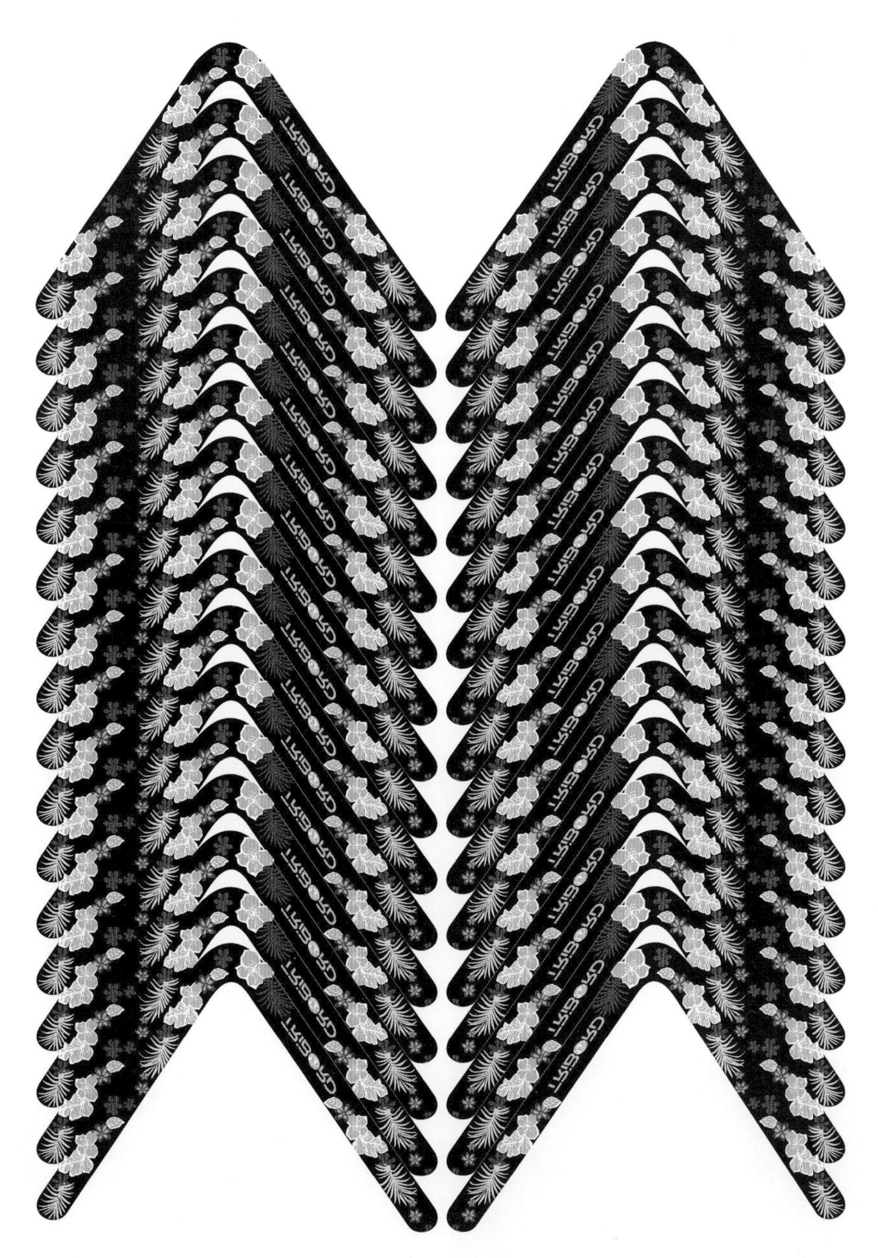

图 4-14　套叠排列拼版

4.2 成品介质性能与印刷设计

4.2.1　出版印刷样书打样工艺流程

1. 图书成品（使用 Painter 矢量软件、FreeHand 图文编排软件）

《图书设计艺术》的封面如图 4-15 所示，封面展开如图 4-16 和图 4-17 所示。

图 4-15 《图书设计艺术》的封面（星星设计）

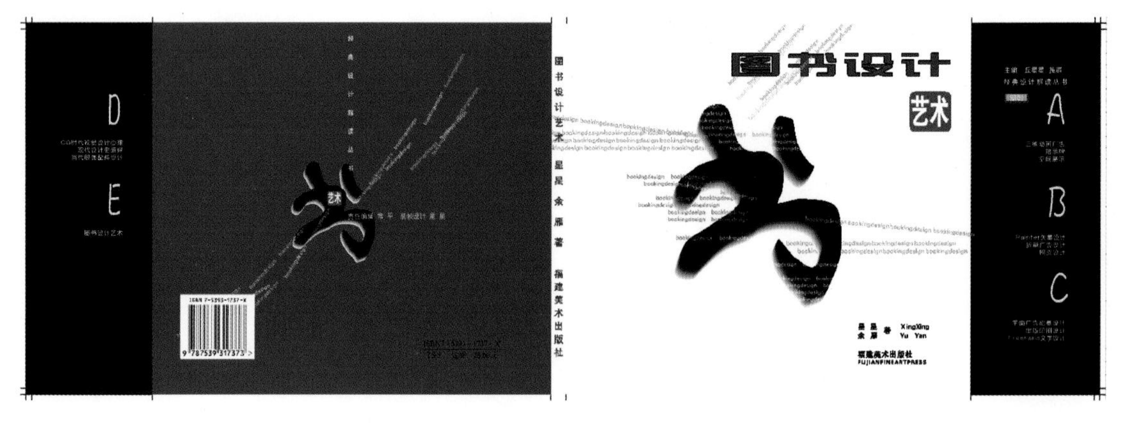

图 4-16 《图书设计艺术》的封面展开 1

（1）工艺要求。

① 开本规格为 889mm×1194mm，1/24（大 24 开）4 印张。

② 内文材质为 157g 牙粉纸。

③ 封面为 200g 牙粉纸。

④ 印刷后道工艺成品效果，如图 4-17 所示。

图 4-17　《图书设计艺术》的封面展开 2

- 封面底覆哑膜。
- 封面局部（文字）UV，如图 4-18 所示。
- 局部钢刀工艺（模切，俗称钢刀版），如图 4-19 所示。

图 4-18　封面局部文字 UV 版

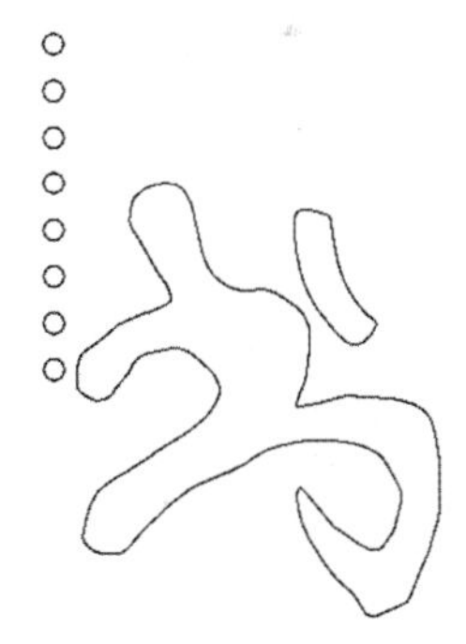

图 4-19　封面局部钢刀工艺

（2）印前拼版。

① 拼大版，也叫拼对开版。

② 按工厂提交的折手流水号顺序，将样书设计的页面设计序号分别编入与流水号相应的位置。

③ 注意正反套印的序号，如“一正一反”“二正二反”。

该样书为 4 个印张，正反套印，为 8 个对开版，一正一反两面印刷，（即 2 个对开版，以此类推，四正四反就有 8 个对开版）。拼版折手如图 4-20 ～图 4-27 所示。

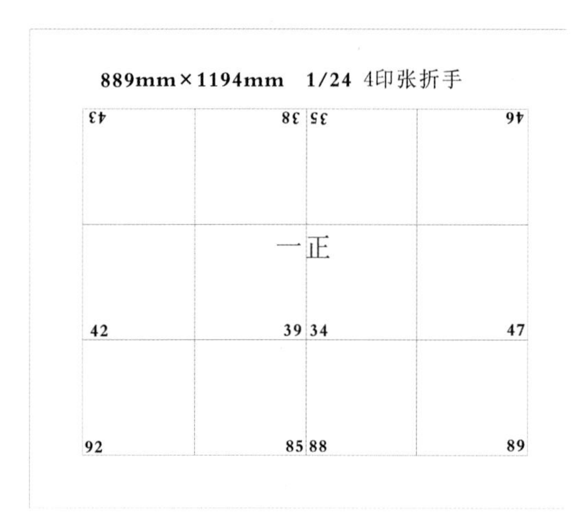

图 4-20 一正

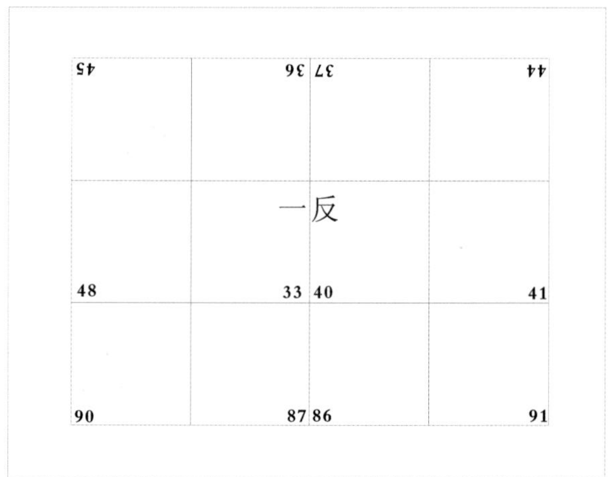

图 4-21 一反

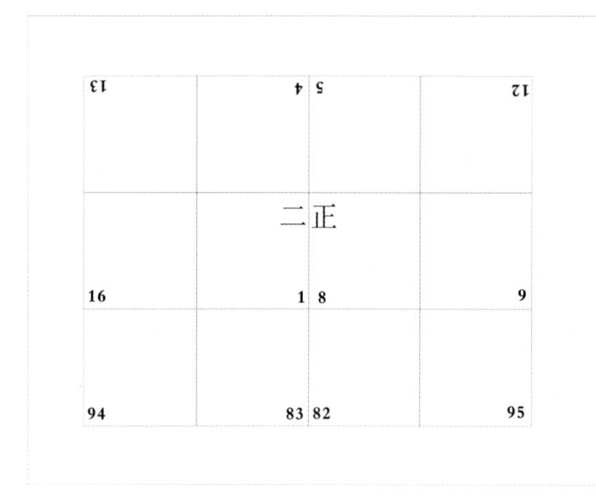

图 4-22 二正

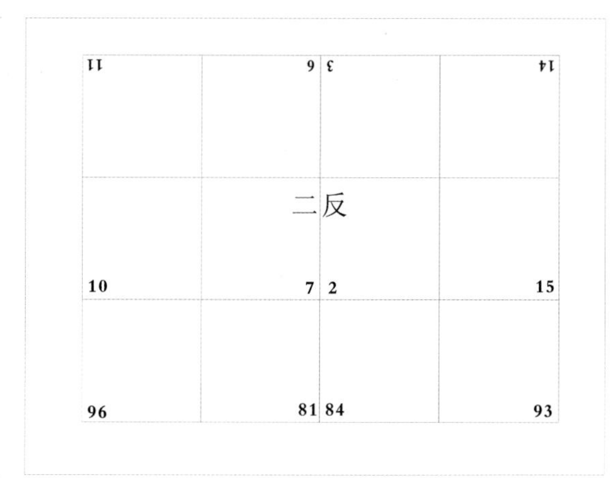

图 4-23 二反

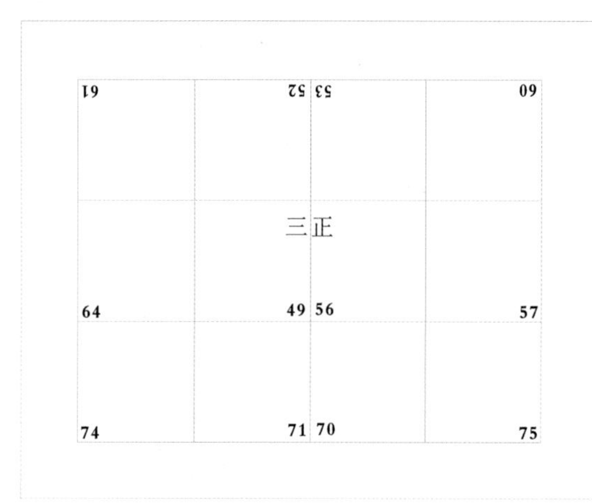

图 4-24 三正

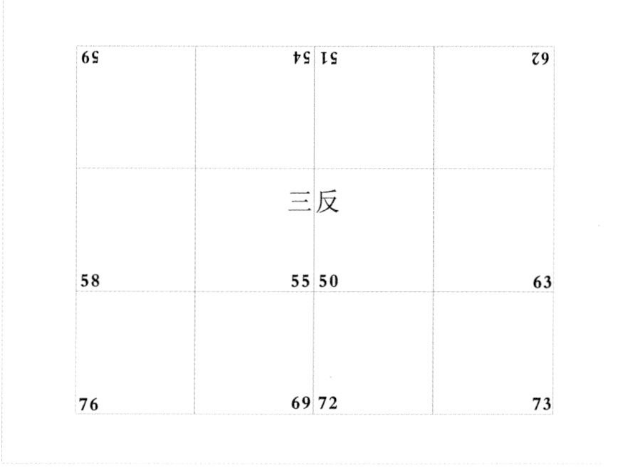

图 4-25 三反

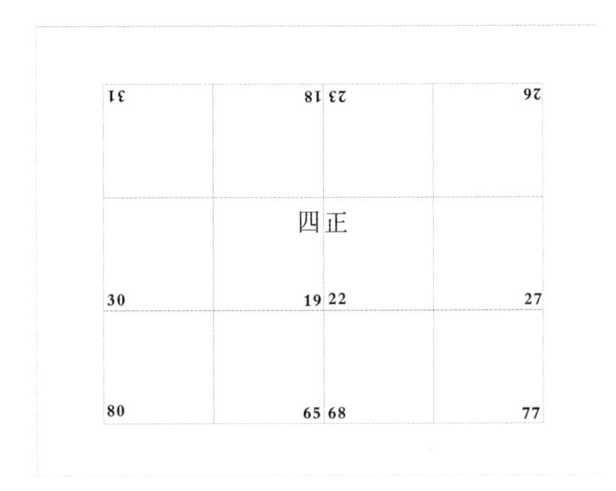

图 4-26　四正

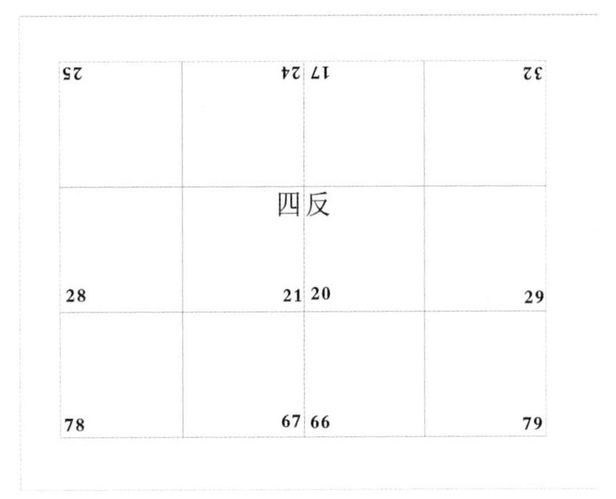

图 4-27　四反

（3）工艺说明。

样书拼版的折手流水号是指全书内文页数的自然顺序编号（不包括封面底），从第一页算起。

样书版式设计的页面设计序号由设计人员根据版式需要而定，不作为流水号，称之为成品页码，即目录上标明的页码（非流水号）。

如图 4-28 所示，设计稿根据展开编排设计中的页面编号，样书的扉页为拼版折手流水号的起始页“1”按照上述展开的页面设计编号与折手流水号相对应。所以在拼版时，按折手流水号排列，将“扉页”置入折手流水号“1”的位置，“目录”和“前言”分别置入折手流水号“2”和“3”的位置，样书设计的页码“1”和“2”分别编入流水号的“4”和“5”，以此类推，全书的页面便可准确编入相应的流水号序号排列位置。

图 4-28　设计稿编号

展开码的流水号编完之后，必须按照印刷部门提供的折手序号编排方式，将展开码中的页面流水号按照折手序号编排的方向拼入折手。图 4-29 ～图 4-36 所示为 8 个对开折手。

图 4-29　图书一正

图 4-30　图书一反

图 4-31　图书二正

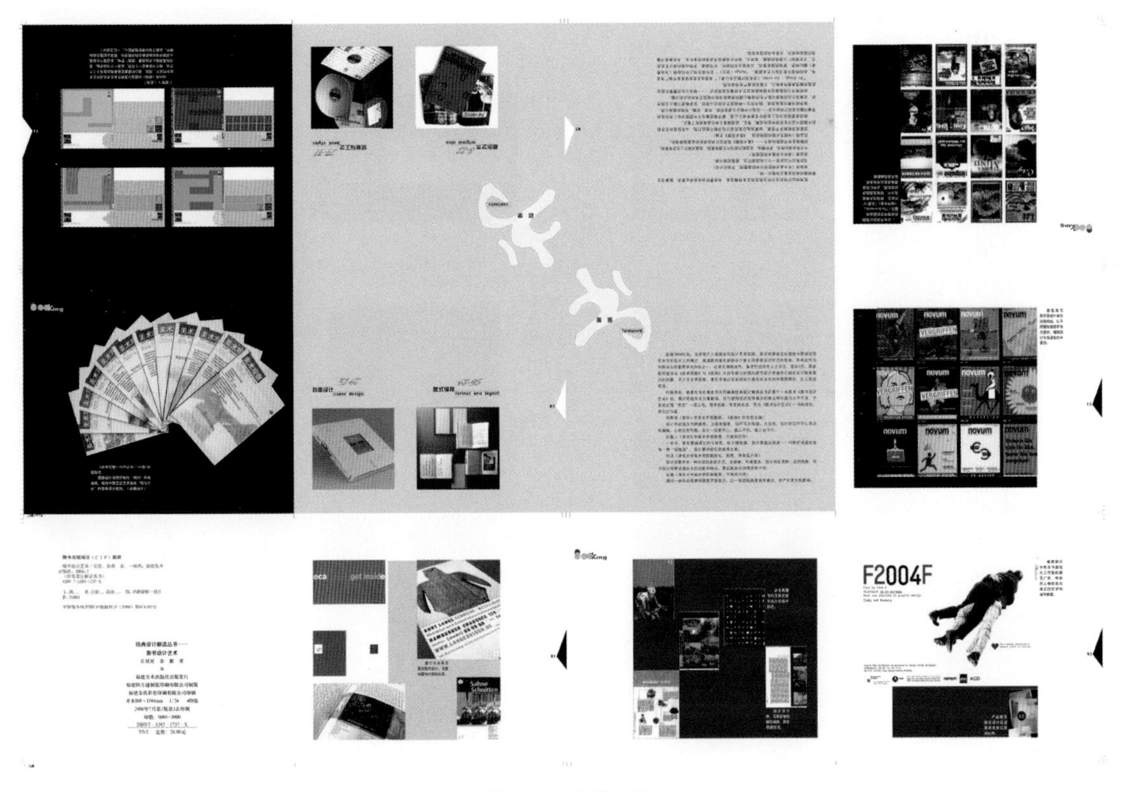

图 4-32　图书二反

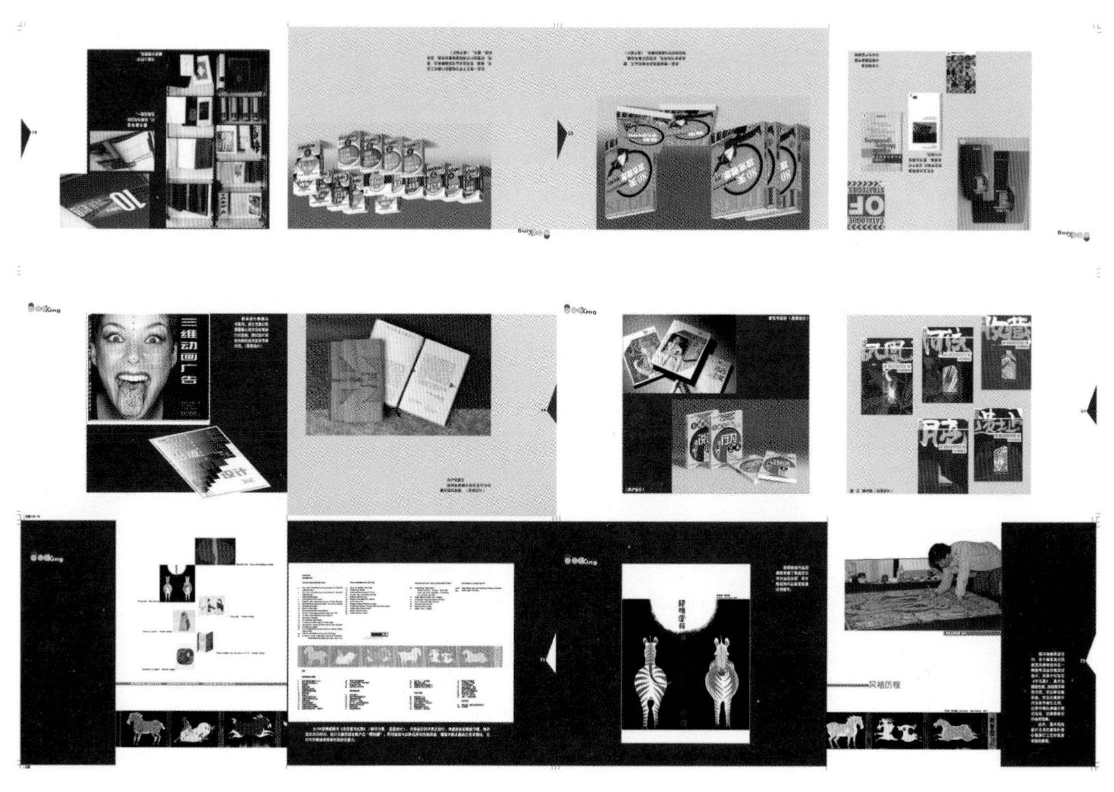

图 4-33　图书三正

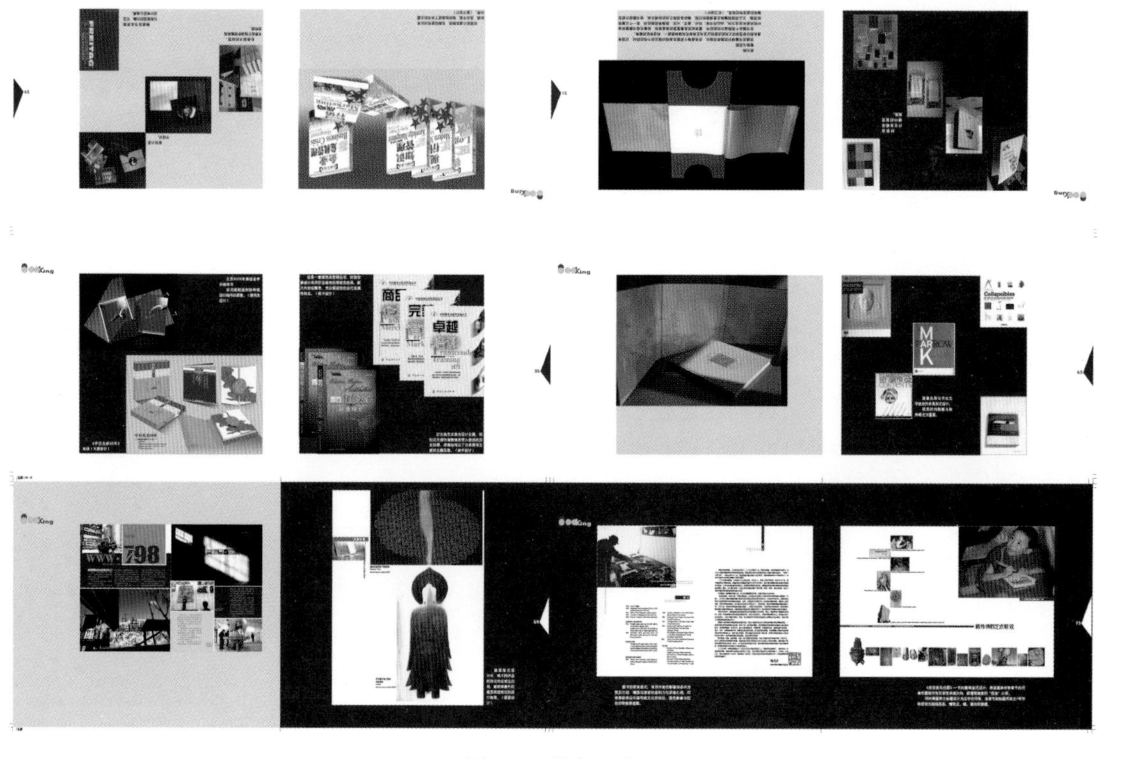

图 4-34　图书三反

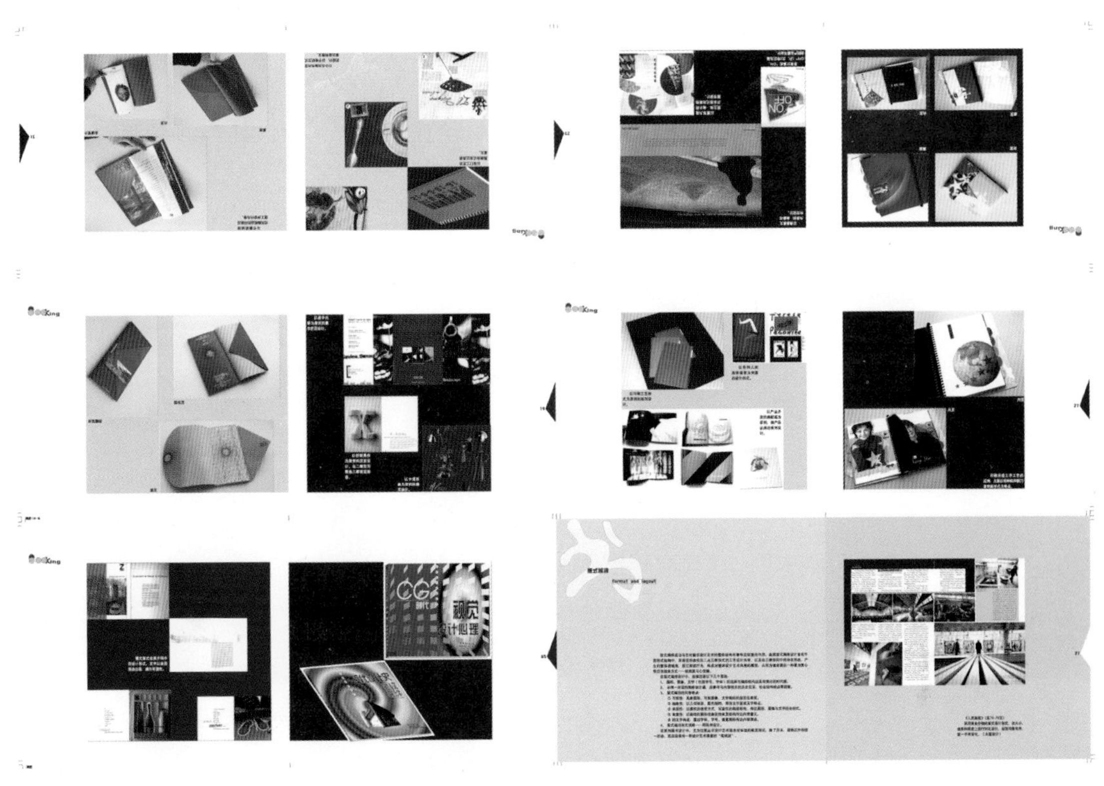

图 4-35　图书四正

图 4-36　图书四反

封面经过覆膜局部 UV，钢刀版（模切）的加工工艺后，用胶装的工艺方式，完成全书的封面与内文的结合。

2.《三维动画广告》封面印前工艺设计（使用 Painter 矢量软件、Photoshop 图像编辑软件、FreeHand 图文编排软件）

《三维动画广告》的封面如图 4-37 所示。

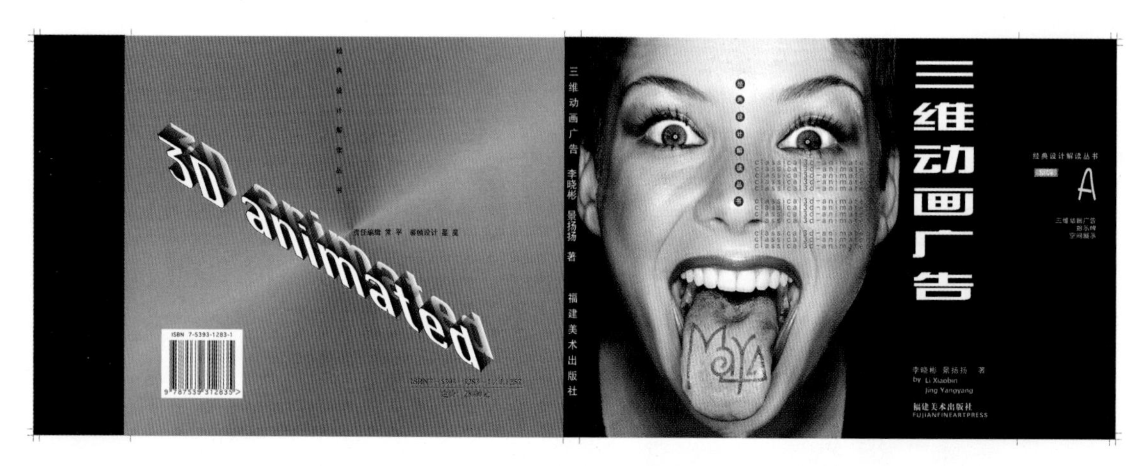

图 4-37 《三维动画广告》封面（星星设计）

第六届全国书籍设计展优秀奖

（1）工艺要求。

① 开本规格为 889mm×1194mm，1/24（大 24 开）4 印张。

② 内文材质为 157g 亚粉纸。

③ 封面为 200g 亚粉纸。

（2）印前工艺。

① 将设计稿中需要做“UV”工艺的图形选中做专色稿，如图 4-38 所示。

② 将设计稿中需要做打孔工艺的图形选中做线稿（模切工艺钢刀版），如图 4-39 所示。

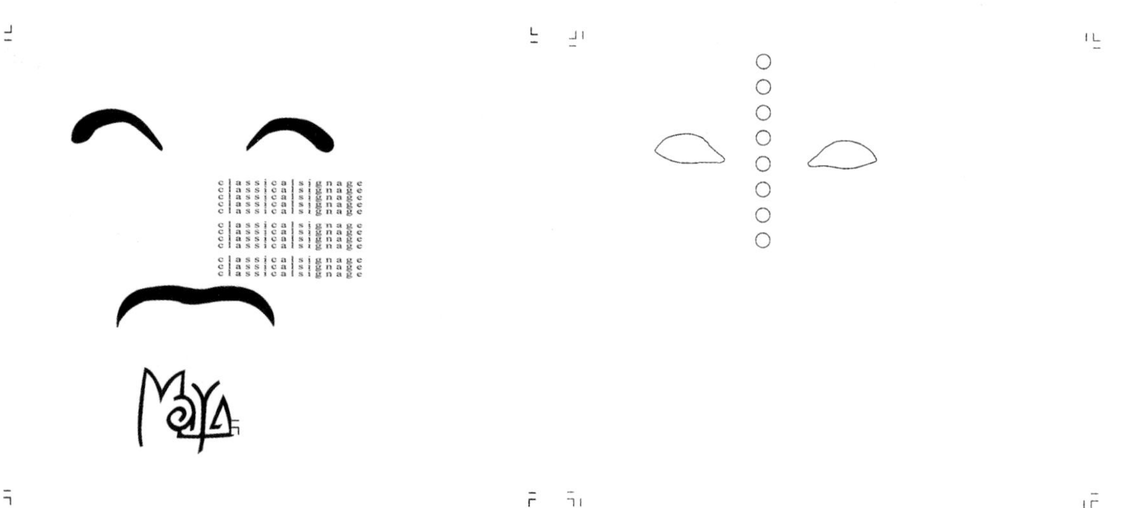

图 4-38 《三维动画广告》封面 UV 版

图 4-39 《三维动画广告》钢刀版

4.2.2　服装吊牌印刷打样工艺流程

1．吊牌成品设计（使用 CorelDRAW 矢量软件）

单枚单面图案如图 4-40 所示，工艺要求如下。

（1）规格为 4.8cm×9.5cm。

（2）材质为 350g 单面白卡。

（3）印刷工艺为单面印刷。

（4）印后工艺为单刀切，拼版时在四边分别加上出血 1mm，拼版尺寸为 53cm×37.8cm。

如图 4-41 所示，一个吊牌成品规格为 4.8cm×9.4cm，印前拼版选择 4 开版，即 11 枚 ×4 枚 = 44 枚。

图 4-40　吊牌打样

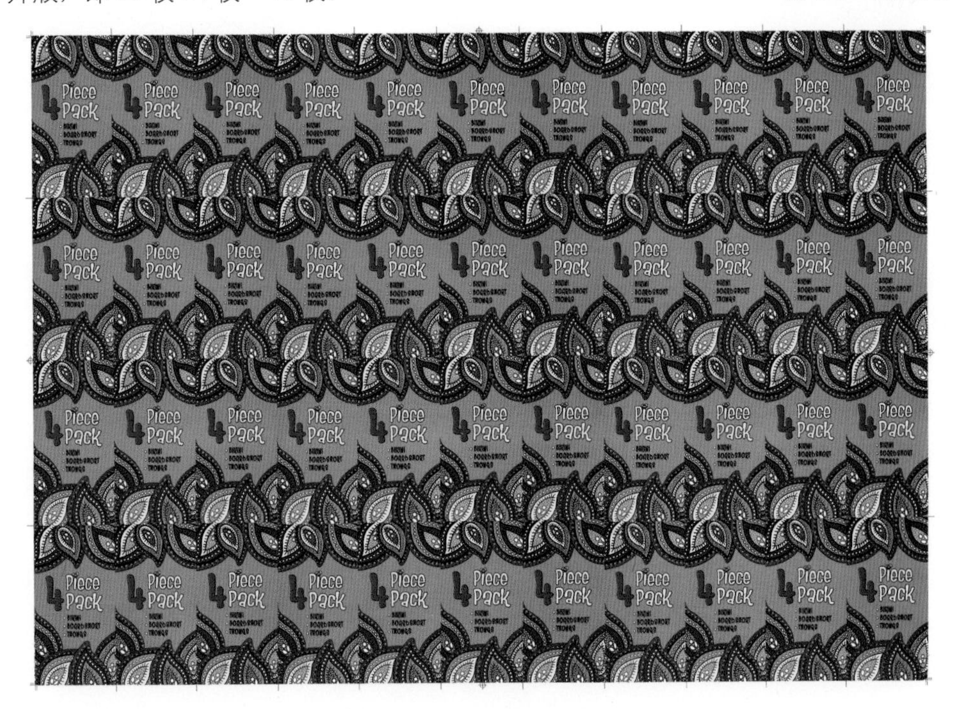

图 4-41　吊牌拼版打样

2．工艺说明

（1）由于印前工艺要求单面印刷，印后工艺要求单刀切，可省时、省工、省料，无须在单件成品规格四边加出血，只需拼版后的四边各加 1mm。

（2）若印刷工艺为双面印刷正反面打样，在成品规格四边均需加上出血，制作设计稿时要求加上出血 1 ～ 2mm 。

3．服装吊牌成品

印后工艺流程还包括各种印品印后特殊的加工环节，如上 UV、覆膜等，打孔、添加饰品、穿吊牌线，通过各类品牌服装设计的要求，完成全套印后工艺，才能叫作成品，如图 4-42 ～图 4-44 所示。

图 4-42　吊牌成品 1

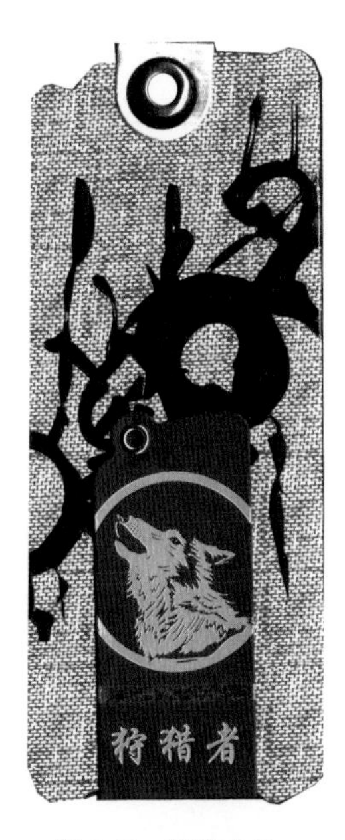

图 4-43　吊牌成品 2

图 4-44　吊牌成品 3

4.2.3　灯笼图案设计印刷打样

万圣节灯笼成品设计（使用 Illustrator 矢量软件），为单面图案，工艺要求如下。

（1）规格为 12 寸。

（2）材质为 28g 有光纸。

（3）印刷工艺为单面印刷。

（4）印后工艺为手工黏糊在竹篾编织的各种样式的灯笼上。

按灯笼图案的延续性拼版，如图 4-45 所示。

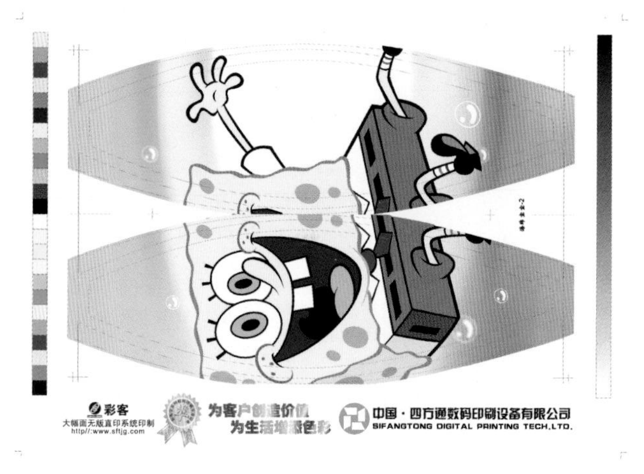

图 4-45　灯笼纸海绵宝宝打样

4.3　个性化数字印后工艺（特殊用途的印后加工种类）

4.3.1　一本起印

“个性化”是数字短版印刷的长处，“一本起印”是全介质个性印刷的个性语言。

如今读物市场需求的名著的珍藏本、收藏集的画册或有纪念意义的精品都属于印量少的印品，同时此类印品最需求的技术要求除印刷材质的特殊性外就是印后的装订工艺。

高新技术的发展为世界的印品市场带来便捷、人性化的绿色包装形式与方法，深受创意设计师与客户的青睐。各种包装方法如图 4-46 ～图 4-50 所示。

图 4-46　《清明上河图》（特种纸背景色）　　图 4-47　《清明上河图》成品样张

图 4-48　《清明上河图》设计稿（特种纸）

图 4-49　福建寿山石包装（绢本）　　图 4-50　寿山石工艺品内盒包装（绢本）

4.3.2　一本多材

“一本多材”是全介质个性化数码印刷的又一个性语言。同一印刷品采用不同介质的材料，如不同纸质，或不同其他材质，或各种材质混合装订，是各种新技术印品材质集合为一体的展示亮点。

图 4-51　台历包装

图 4-52　台历《韩书力作品集》

图 4-51 和图 4-52 所示分别为台历包装和台历。图 4-52 所示的 2010 年台历的内容取材于著名画家韩书力的《韩书力作品集》。该台历采用彩客无版直印系统印制技术，由大恒纸业提供的各种纸介质材料，根据作品艺术表现技法及视觉形式的要求，寻觅恰当的纸介质肌理相吻合的材质，使印品充分表现作品的艺术个性与风格魅力。

印前材料的选择与设计创意应注意以下两个方面。

（1）全介质数码印前设计中，印前设计需要认真解读分析印品的内容，领会其材质作为设计形式表达个性印品的重要意义。

（2）在印后工艺的设计中，因为要充分考虑台历的年历标准化规律，所以统一采用荷兰白卡，如图 4-53 和图 4-54 所示。

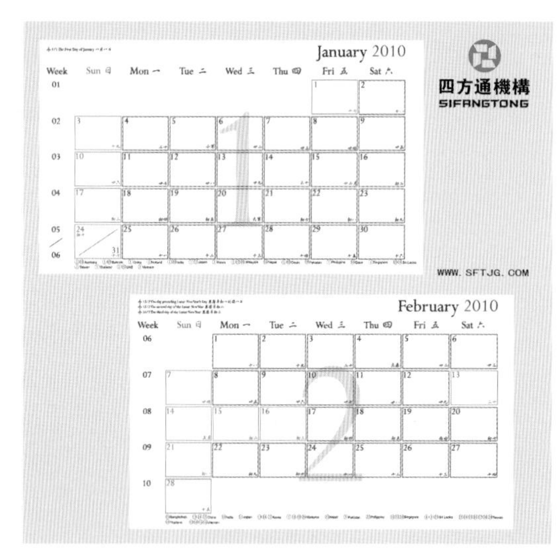

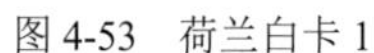
图 4-53　荷兰白卡 1

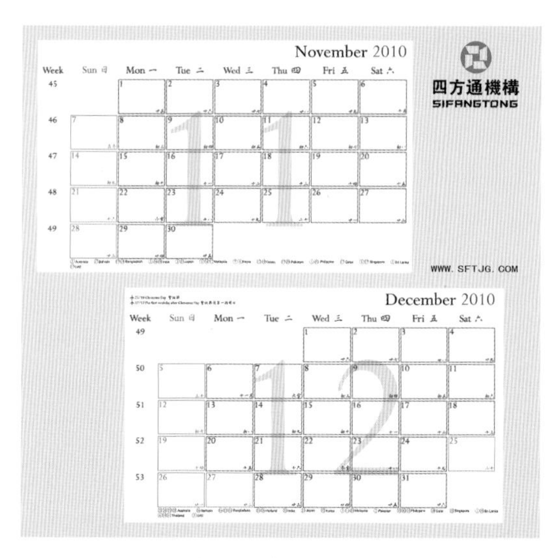

图 4-54　荷兰白卡 2

下面以《韩书力作品集》丙寅年台历为例，如图 4-55 所示，讲解水墨画风格技法对各种印刷用纸的要求。

图 4-55　韩书力水墨作品台历

（1）黑白水墨画要求用吸墨量较大的特种纸，如有肌理的干古纸（250g），或质地密度强、含胶质的超感纸，以增强作品墨色的饱和度，如图 4-56 所示。

图 4-56　《长寿》水墨画

（2）台历封面选择韩书力先生的作品题为“独行”，为增强虎年吉祥之意，选择珠光、黄金纸（250g），如图 4-57 所示，将作品印制于该特种纸上。原作于宣纸水墨写意的“虎”如图 4-58 所示，成为了“金虎”，为台历的整体设计形式增添了印品材质特有的视觉审美个性。

（3）在全介质纸质材料的个性化选材中，印品的材质特性将会给设计创意带来出奇制胜的结果。

随着世界性高新技术的层出不穷，新材料、新介质将在全介质数码印刷领域发挥重要作用。

图 4-57　珠光、黄金纸（250g）

图 4-58　台历虎（设计稿）

4.3.3　一本多工艺

“一本多工艺”是全介质数码印刷工艺个性化的新个性。

在样书装订工艺中，“立体书”的个性化创意为先进的高新技术印刷后道工序提供了可持续发展的空间。

如图 4-59 所示的卡通图书，在各种色彩的印张排版装订中，根据内容需要，采用二点五维半立体图形构成的一个故事情节，增强读者的“悦读”兴趣，加深对卡通幽默的智慧解读。该书具备以下几个工艺特点。

（1）半立体图形在印前制作时需要提供模压工艺尺寸设计稿。

（2）提供钢刀版。

（3）裁切之后根据后道工艺流程进行夹页粘贴。

图 4-59　卡通立体图书

“立体书”的个性特征是一种综合性的印后装订工艺的完全展示，如图 4-59 所示。

（1）胶装、线装工艺。

（2）夹页局部胶装工艺，如图 4-60 所示。

图 4-60　夹页局部胶装工艺

精装书套及特殊材质的装订工艺，如图 4-61 和图 4-62 所示。

图 4-61　精装书套

4.3.4　印后工艺的个性化创意

一个有创意的印刷工艺设计需要找寻与印品内容相适应的装订形式，这就是印后工艺个性化创意的体现。

全介质纸质数码印刷突出体现了印后工艺个性化的文化创意。在此仍以 2010 年的台历为例进行讲解（虎年台历图片），如图 4-63 所示。

印后工艺创意（绿色设计）：

（1）特种纸克数为 200 ～ 250g。

（2）台历基座为合成板材。

（3）手工丝带编结装订。

图 4-62　特殊材质的装订工艺

图 4-63　台历 1

由于台历选择的特种纸克数均为 200 ～ 250g，印后装订较厚，按通常的打孔铁线圈装显得过于机械化且落俗套，所以在打孔后选择手工丝带编结装订方式，增添了富有亲和力的中国元素。

手工丝带编结的特点极富中国传统文化创意的特性，结合中国画作品的韵味，让 2010 年虎年台历增添了金虎新年的吉庆祥和，又凸显了绿色设计的时代特征。

全介质个性化数码印后工艺种类是一种高新技术时期综合介质的创意表现形式之一，其材质用途的多维性、可创性、可适性为印后工艺设计创意开拓了一条可持续发展之路。因材施创，因用而创，开辟了个性化印后工艺创新发展的新空间。

无论是在纸质媒介的印刷领域还是在工业领域的外包装市场，或是在家居生活、环境设计中的应用，全介质个性化数码印后工艺的解决方案因新技术、新材料的不断更新而层出不穷，为绿色设计创造了有利条件。各种台历如图 4-64 所示。

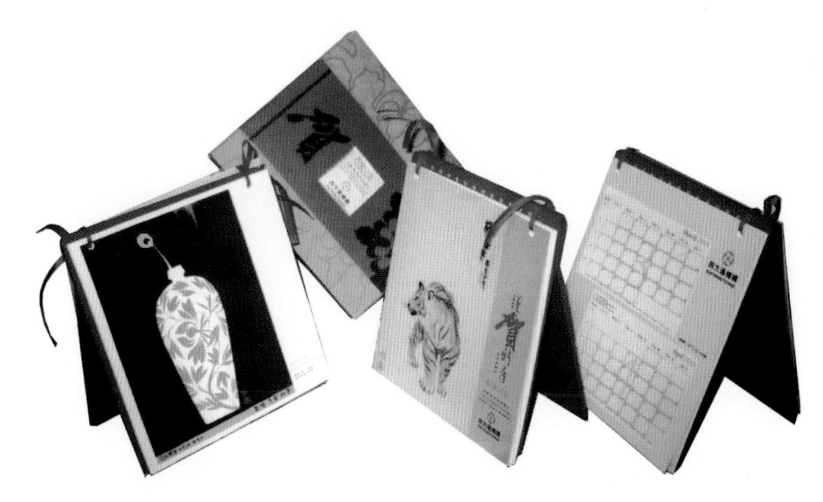

图 4-64　台历 2

4.3.5　印后模切工艺

1．印后模切与压痕

礼品书籍包装工艺中常用到印后模切与压痕，如图 4-65 所示。

图 4-65　礼品书籍包装工艺

激光模切是近年发展较快的模切技法，即利用计算机数码技术控制的激光束在纸张或其他材料上“雕刻”出精确的图形。

绘制模切版图纸时，要求线条平直、精确，并将模压品的展开图绘制在一个平面上，标注制版尺寸和成品尺寸，模切线和压横线用其他不同颜色标注以免混淆。

设计时还应注意以下事项：模切成孔洞时，孔洞不宜太小，不宜出现尖角，多个孔洞连续紧密相连也是不合适的；刀线应尽量采用整线，线条转弯处应带圆角，尽量避免出现相互垂直的钢刀并接。

同时还需防止一条模切刀起点与一条模切刀线中间段连接，这样如果形成尖角，会对生产操作和废纸清理造成困难，钢刀易松动，应把连接处改成圆弧不间断线，接头要设计在直线处。

模切压痕形状根据设计图形可以千变万化，以下仅列举常用模切压痕。

（1）平切。

按照设计图形要求模切文字或图形外观效果，是最普通的模切类型，通常也不会有非常严格的对位要求。

（2）切边。

从单位切到四边切都有，也有专门的三边模切成型机器，比如可以对装订成型的书籍进行异形加工

（3）反切痕。

模切后纸张反折回来，压痕边线特别留下模切造型，以突出创意或设计重点。

（4）手断线。

作为一种有趣的开启方式，手撕线要注意选用适合纸张以及模板制作，纸张需要有一定韧性（不易断裂），也需要有一定厚度（容易撕扯）。

（5）连线痕。

起到似断非断，似连非连作用，如有需要时很容易撕开，连线痕有圆点和线点两种。

（6）双折痕。

折痕有单线痕、双线痕和正反折痕。较薄纸张用单线痕，较厚纸张用双线痕，多折及正反折痕常用于拉页。

2. 智能刻字机

智能刻字机如图 4-66 所示。

这是 Mimaki 智能寻边刻字工艺的工作过程（感应头正在寻找图像裁切的轨迹）。图形拼版时应注意留边尺寸。

图 4-66　智能刻字机图例

4.4 彩客全介质数码印刷技术应用

2006 年 3 月，世界上首台无涂层介质喷印专业级设备在四方通诞生，这是对喷墨技术的一次革命性突破，在当年广交会——广东国际广告展上一亮相，就令人刮目相看。近年来公司秉持“为用户创造价值”的宗旨，不断投入研发经费，专业从事无涂层介质数码无版喷印系统的开发生产，目前，公司在此技术领域已拥有两项国家发明专利（多项申请中），开发出两大类别“彩客”三种宽幅、共十几个系列、适合不同专业领域使用的数码直印设备，根据不同行业用户的专业需求，提供专业级高品质、性能优异、使用成本低、操作简便、运行稳定的设备，为实现设计创意的理想——材质与形式的完美结合，提供可行性的解决方案，同时也为专业毕业生或从业人员提供自主创业的机会。

全国首家全介质数码印刷有限公司落户福州，如图 4-67 所示。

图 4-67　全国首家全介质数码印刷有限公司

4.4.1　专业级数码打样机系列

1. 胶印纸数码打样机（机型：DZ8430/DZ8610/DZ81118）

这是一款可取代传统打样、模拟数码打样设备的理想专业机。针对目前市场上使用的专用纸模拟数码打样而言，本系列机型可实现传统型机械打样机除专金色、专银色以外的所有打样功能，在纸张适应性方面，大大超过传统打样机的性能，不但能在 30 ～ 450g 四色胶印纸上轻松打样，而且在所有带肌理的特种纸（花式纸）上，还原色彩能力均超过传统打样机。此外，在硫酸纸、不干胶等纸张上打样效果优良。该系列设备打印的成品如图 4-68 ～图 4-76 所示。

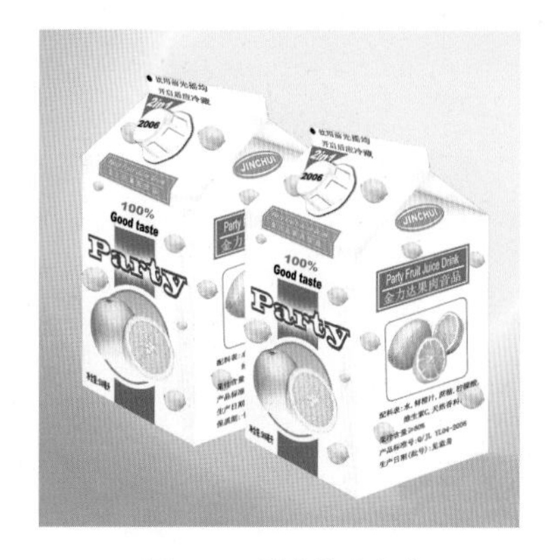

图 4-68　果肉饮品包装

图 4-69　胶印纸包装

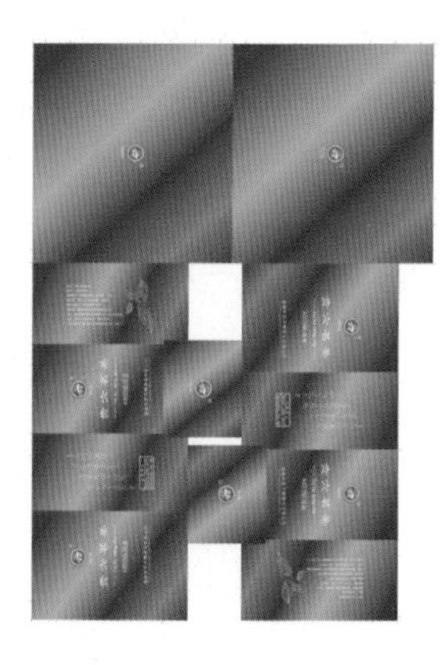

图 4-70　茗茶包装拼版打样

图 4-71　精装车型版式录 1

图 4-72　精装车型版式录 2

图 4-73　精装车型版式录 3

图 4-74　简约中式设计实景打样 1（卓卫东设计）

图 4-75　简约中式设计实景打样 2（卓卫东设计）

图 4-76　简约中式设计实景打样 3（卓卫东设计）

（1）系统特点。

① 适应所有胶印用纸。

② 色彩还原与四色印刷的接近度达 90% 以上，完全符合印前打样行业的色彩还原技术标准，令大批量四色印刷追色简便容易。

③ 操作简便（人工低）、耗材便宜（使用成本低）、交货迅速（效率高）。

（2）适用范围。

① 大型彩印公司（打样配套）。

② 大型平面设计公司。

③ 专业制版输出公司。

④ 为家具、木地板厂商提供木纹设计的公司，灯笼纸、拷贝纸印刷公司，薄纸包装类花纸印刷公司，等等。

⑤ 卡纸包装盒印刷公司（打样配套）。

2. 纺织面料打样机（机型：DF8430/DF8610/DF81118）

针对服装设计需求而生产的纺织面料打样机，可在大部分白色纺织面料上实现精细渐变色彩的 photo 级彩色图形打样，使服装设计的创意空间得到极大突破，令设计大师的创意得以实现。纺织面料打样如图 4-77 所示，打样过程如图 4-78 所示。

图 4-77　纺织面料打样

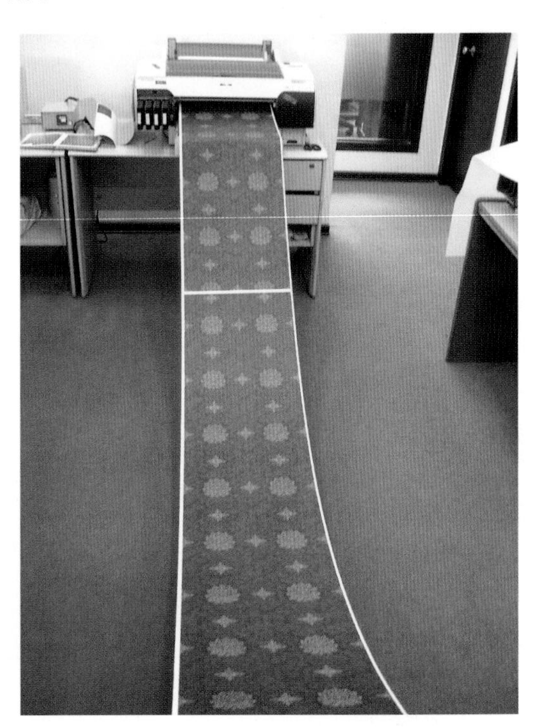

图 4-78　打样机工作

此类打样机的适用范围如下。

（1）服装厂样衣制作。

（2）服装设计公司。

（3）印花厂样布打样，如图 4-79 ～图 4-84 所示。

图 4-79　花布

图 4-80　民间牡丹龙布料

图 4-81　动物图形伞布拼版

图 4-82　公主图形伞面拼版

图 4-83　伞面、花型、单片

图 4-84　伞布打样拼版

（4）小批量生产个性服饰。

（5）丝绸刺绣品的精细底图印制。

4.4.2　皮革直印系统

皮革直印系统（型号：P4430/P4610/P41118）可直接印刷于大部分工业用皮革上，如 PVC 革、PU 革以及真皮革，表面无须任何处理，印面防水、耐刮擦，色彩鲜艳持久，如图 4-85 ～图 4-91 所示。

图 4-85　皮包 1

图 4-86　皮包 2

图 4-87　钱包

图 4-88　皮革

图 4-89　PVC 复合材料

1. 系统特点

灵活快捷，投入小，成本低。本系统还可在 PVC/PET 复合硬片的 PVC 面上印制精美图像，实现 PVC/PET 复合透明塑料包装盒、广告扇等打样功能。

图 4-90　鞋

2. 适用范围

（1）各类皮制品生产企业，如制鞋、箱包、手袋、皮装、皮包、沙发软包皮装饰。

（2）各类日用皮具厂商的样品制作、小批量生产，或任何个性化皮具产品的制作。

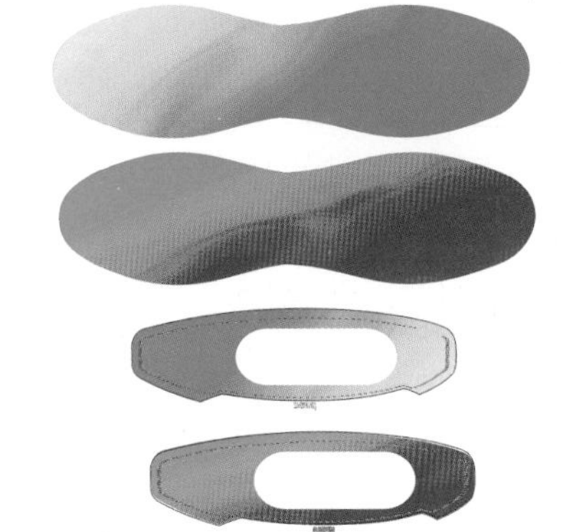

图 4-91　鞋底图形

4.4.3　织品面料靓贴印制系统

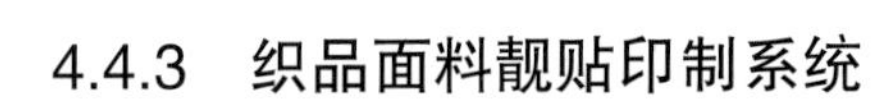

织品面料靓贴印制系统（型号：L4430/L4430-1/L4430-2/L4430-3），简称为 L 系统，极大地满足了图案 photo 级表现的精细要求，可在任意底色织品上转贴直印图案薄膜，令服装、T 恤更添靓丽风采，如图 4-92 ～图 4-98 所示。

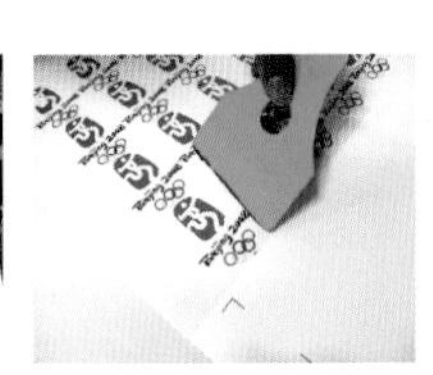

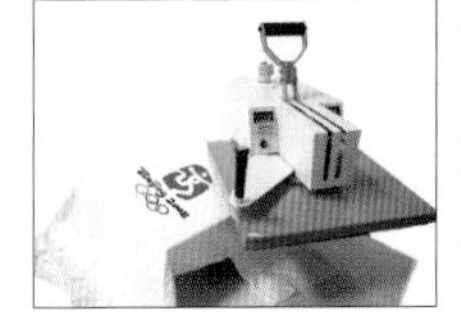

图 4-92　靓贴印制分步流程

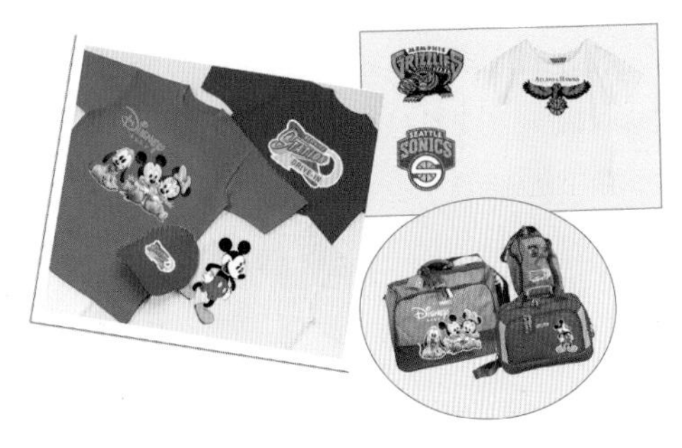

图 4-93　T 恤靓贴 1

图 4-94　T 恤靓贴 2

图 4-95　T 恤靓贴 3

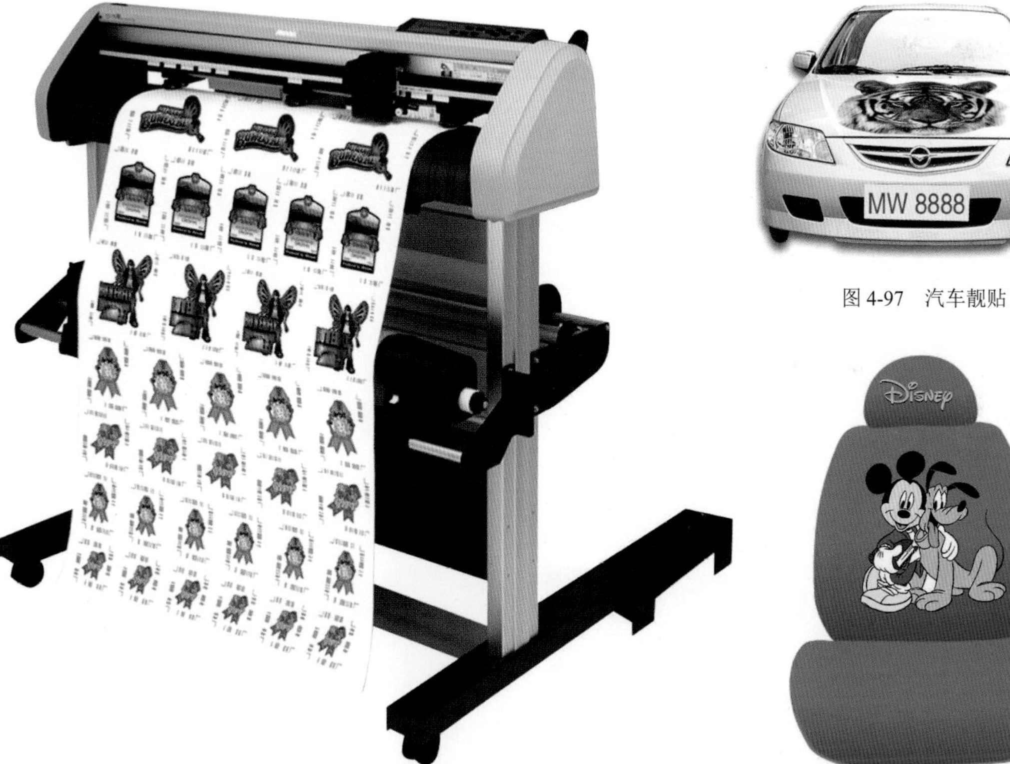

图 4-96　刻字机

图 4-97　汽车靓贴

图 4-98　沙发靓贴

本系统还可用于精细彩色图文的车贴印系统，最高配置设计生产能力 45m²/h，标准配置 6 ～ 11m²/h。标配有智能刻字机、烫压机。

1．系统特点

（1）贴膜超薄，有很好的延展性。

（2）色彩鲜艳，手感舒适，耐刮耐洗。

2. 适用范围

（1）个性 T 恤印制（如影像店）。

（2）高级广告 T 恤印制。

（3）童装图案印制。

（4）服装饰纹图文印制。

（5）锦旗印制等，可满足小批量或批量生产需求。

本系统适合童装厂、服装厂、T 恤厂，以及个性 DIY 店等。

4.4.4 短版数码印刷系统

短版印刷系统（型号：FKIII/FKIIIs/FKIII2s/FKIII3s），简称 F 系统，为 4 开幅面。按客户印量配置不同系统。系统可解决一般彩色图文快速输出、高精彩色文件精细印刷，适应所有种类纸张，印刷效果堪比数百万元四色机印刷效果。短版数码印刷系统的成品如图 4-99 ～图 4-104 所示。

图 4-99　PVC 材料

图 4-100　日本料理伊藤屋单点

图 4-101　超市小报

图 4-102　节目单

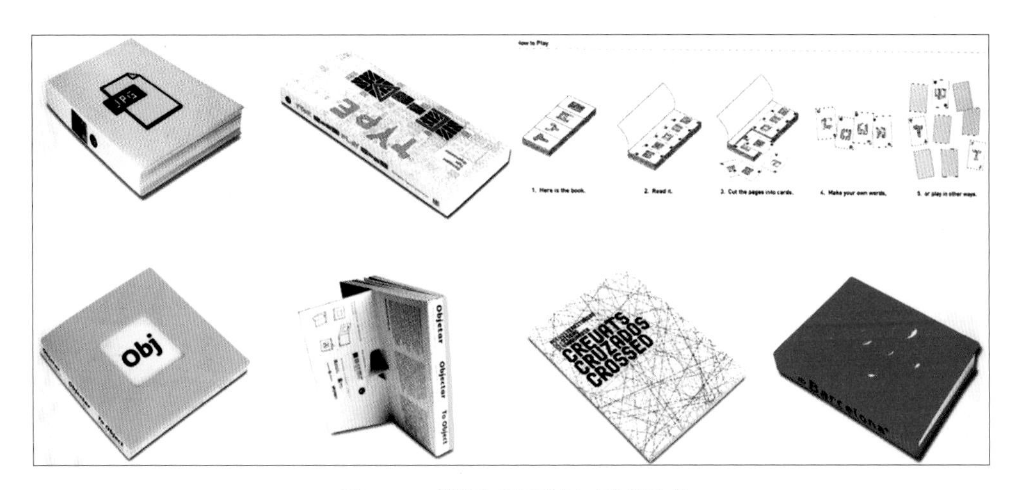

图 4-103　样张与印后装订工序相适应

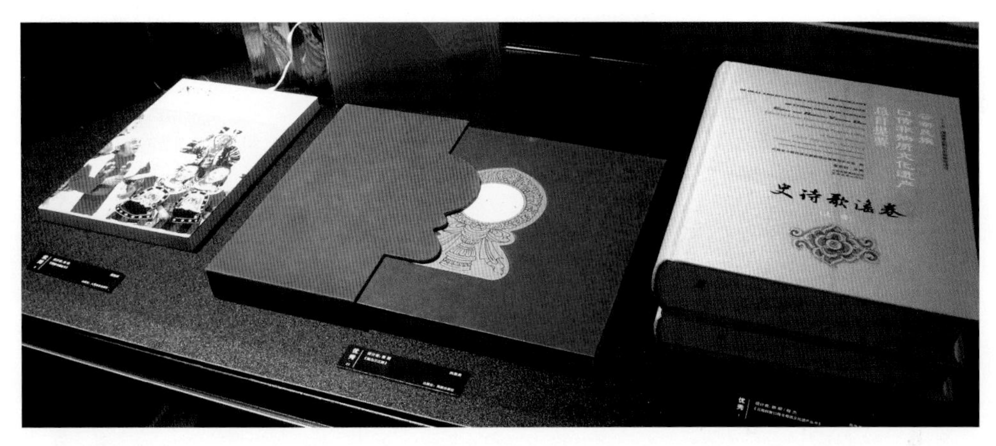

图 4-104　样书系列

1．系统特点

（1）幅宽大，可满足高品质、宽幅在 43cm 以下（长度不限）尺度的图文印刷要求（如大型楼书样册、VI 手册、4 开内部彩色报纸、精美海报等），突破了目前数码印刷机 A3 尺度的幅宽及长度限制。

（2）色彩准确、印品品质卓越，系统印刷表面墨层与底材完美结合，无论是在一般彩印用纸（如铜版、哑粉等）上还是在大量特种纸上，表现均十分卓越，在任意四色彩印用纸上与大批量四色精印效果无异。同一文件不同时段多次印刷，色彩无差异，很好地克服了传统机械印刷与喷粉式数码印刷在此领域的技术盲点。

（3）F 系统是目前市面上唯一能达到高级别传统四色印刷标准的数码印刷类机种（在相同纸张上以 F 系统与海德堡四色胶印机印刷同一文件，其在色彩标准和精细度等方面的对比结果显示）。在细节还原能力上可超过四色印机的表达能力。

（4）F 系统是目前数码印刷领域、传统机械四色印刷领域内，纸张介质（种类、厚薄）适应面最为广泛的系统。

（5）印品与传统印后装订工序可完全接驳。

（6）数控定位，使正反套印更加准确。

（7）印品色彩长期耐褪，大大超过传统四色印品的耐褪色度。

（8）投资小，使用成本低，回报高。

（9）操作简单。

2. 适用范围

（1）数码快印店、图文输出公司、印务公司。

（2）进入快印市场的创业者（可以极低门槛进入快印市场，投资可大可小，系统可根据业务量的增长分步升级）。

（3）极短单、短单印刷需求者。

4.4.5　中国书画作品数码复制系统

中国书画作品数码复制系统（型号：GH6000/GH8000），简称 GH 系统，可在传统中国书画用材——生、熟宣纸，绢（材料无须特殊处理）等上直接还原原稿（电子文件）的细节，提供高达万分之一的色彩解析与还原能力，在画稿物理痕迹的定位上，小于千分之一的误差。真实还原原稿的神韵、墨韵、色彩，制成品仿真度可高达 99%。在复制数码电子控制系统中区别设置书法、国画两类数字控制模式，令成品效果臻于完美。《唐人手绢》工笔重彩高仿制品于 2009 年获第七届中国包装印刷产品质量评比银奖（获奖产品号 351021），如图 4-105 所示。

图 4-105　《唐人手绢》工笔重彩高仿制品

本系统的特点为印后工序完全适应传统裱画工艺，如图 4-106 ～图 4-109 所示。色彩耐久，达 100 年以上。

图 4-106　国画书法 1

图 4-107　国画

图 4-108　国画书法 2

图 4-109　国画书法 3

本系统的适用范围如下。

（1）专业画廊、博物馆、大型专业书画拍卖公司。

（2）专业书画复制公司。

（3）古籍印刷厂等。

4.4.6　不干胶直印系统

不干胶直印系统顶级配置可同时实现纸张不干胶和 PVC 不干胶（白光、透明），如图 4-110 和图 4-111 所示。对于无版直印，用户可根据产量选择不同型号，也可只选配纸质不干胶系统或 PVC 不干胶系统，系统均支持单页纸进纸和卷筒纸进纸。

图 4-110　啤酒瓶标

图 4-111　饮品包装

1. 系统特点

（1）型号 B4430/B8430/B8430-s/B8430-2s/B8430-2/B8430-3/B8430-4/B8430-3s/B4430-2/B4430-3/B4430-4 均可升级为 K 系统：支持可变数据批处理印刷（可选配件）。

（2）印品适用后道传统磨切工艺，或选配智能刻字机，寻边准确切割。

2. 适用范围

（1）专业不干胶标贴、条形码印刷厂商。

（2）各类工业制品生产企业、各类 OEM 企业，各类商贸流通企业（用于设备标签、瓶贴、条形码、服装标牌、提示标贴等生产），如图 4-112 ～图 4-115 所示。

图 4-112　服装吊牌 4 款

图 4-113　身高贴

图 4-114　外包装

图 4-115　条形码不干胶

4.4.7 出版系统样书印刷系统

出版社每年均面临大量书展订货样书的制作需求，若采用传统打样，成本极高，而模拟数码打样又无法实现纸张、色彩的真实且成本也不低。出版系统样书印刷系统（型号：C8400/C8600/C8400s/C84002s）完美解决了飞腾系统图文混排文件的印刷、其他设计软件生成文件的印刷，可印刷出与成品书从纸张到色彩完全相同的样书，而且其印前、印后工序均与传统制作流程完全接驳，如图 4-116 ～图 4-119 所示。

图 4-116 《传承与超越》精装书（红卫设计）

图 4-117 样书全介质纸质（画子设计）

图 4-118 杂志系列

图 4-119 样书系列

本系统的标配为文件系统转换软体，适用于各出版社。

本系统的特点如下。

（1）印刷效果好，制作成本极低。

（2）节省样书制作成本。

（3）提高出样时效，方便修改。

4.4.8 保密需求的数码印刷机

保密需求的数码印刷机（型号：B4300/B6100/B11200）系列产品，是专门针对有保密印刷需求而研发，用户可根据自身使用的要求选择不同型号。用此产品印制的织锦高仿样品如图 4-120 所示。

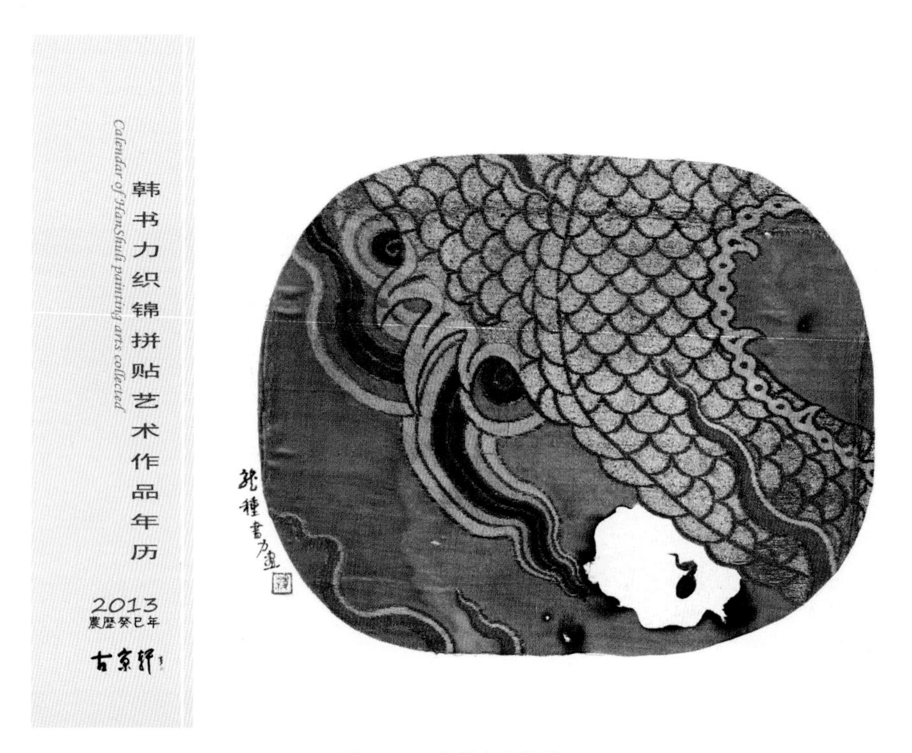

图 4-120　织锦高仿样品

本系统适用于有机密、保密要求的图文印制，如军事精确地图；有版权保护的地图出样或委托订制版少量印制；商品试产期包装样品印制，如图 4-121 和图 4-122 所示。系统也适用于以图像为产品重要组成部分的样品生产，如钟面（见图 4-123）、工艺品、装饰画设计稿样等。

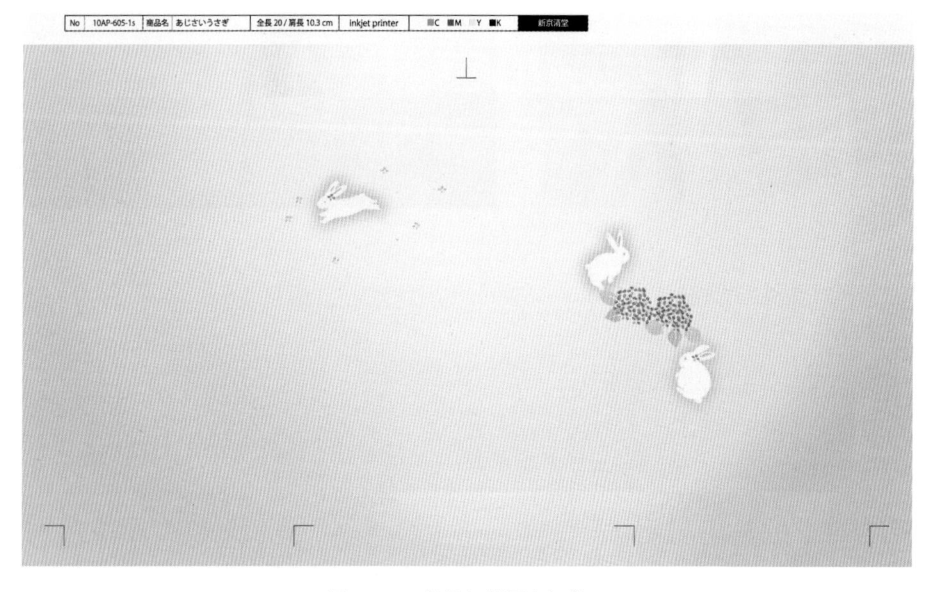

图 4-121　织品包装图案打样 1

图 4-122　织品包装图案打样稿 2

图 4-123　钟面设计

本系统的特点如下。

（1）无版印制、看样及修改到定稿可一次完成。

（2）全流程内部完成，保密程度高。

（3）印品效果好，与批量印制相比，纸张与色彩效果无异。

本系统的适用范围如下。

（1）军事单位、规划设计单位、地图出版社。

（2）相关商品生产企业产品开发设计部门。

（3）以平面图像为产品重要构成部分的工艺品、装饰品生产企业。

4.4.9　数码影像产品直印系列

数码影像产品直印系列（机型：Y8400/Y8600/T8800/Y8400s/Y8600s/Y8800s）是针对传统影像冲扩市场份额日益萎缩，传统冲扩业面临环保、成本等多重压力的现状而研发，可在多种介质上满足影像产品的输出需求，令影像产品品种更加丰富、制作成本更为低廉。是传统冲扩店转型期的理想机型，也是创新创业的另类机遇。该系统印制的作品如图 4-124 ～图 4-127 所示。

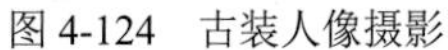

图 4-124　古装人像摄影

图 4-125　黑白婚纱摄影

1. 系统特点

（1）材质更为多样。

大量特种纸的肌理效果与影像画面完美融合，带来全新的视觉感受。由于纸张可实施双面输出，使个人影像画册的制作成为可能。

（2）幅宽大。

系统最低配置为可输出幅宽 17 英寸长度不限的照片，系统顶级配置可输出幅宽 43.3 英寸长度不限的巨幅照片。

（3）装订、装裱更为轻松。

由于可采用印刷用纸印制相册，令装订更为容易——可完全接驳传统印刷的精装工艺来实现，如图 4-128 ～图 4-130 所示。

图 4-126　儿童饰品

图 4-127　黑白人像摄影

图 4-128　影像（中国画）

图 4-129　影像（油画）

图 4-130　油画复制

（4）色彩艳丽耐久。

由于采用彩客专用环保墨水，产品色彩逾百年不退。

（5）图像细腻，层次丰富。

由于系统提供高达 1/10000 的色彩解析还原功能，令图像更为细腻，黑白照片灰平衡更加完美，图像可达到传统照片水准。

（6）产品品种更为丰富。

产品品种包括个性挂历、皮质巨幅画像、油画布（手绘布）画像、挂轴宣纸唐装画像、各种纸质精装影相册、毕业纪念册等。

（7）成本低。

每平方米综合成本≤ 10 元。

2. 适用范围

（1）影像行业店。

（2）个性 DIY 店。

4.4.10　水转印纸数码印刷机

针对出口型木制工艺品厂面临客户大量看样需求、订单品种增加而单品数量减少的普遍状况，创制了水转印纸数码印刷机（型号：S8400），本机型为使用水转印工艺的厂商提供水转印纸少批量或打样印制解决方案。该机型生产的作品如图 4-131 和图 4-132 所示。

图 4-131　工艺品图案打样

图 4-132　工艺品包装盒成品

本系统适用范围如下。

（1）木制工艺品厂商，如图 4-133 ～图 4-135 所示。

（2）以玻璃工艺品为主产品的厂商，如图 4-136 所示。

图 4-133　钟面

图 4-134　钟面打样

图 4-135　钟面包装盒成品

图 4-136　酒类包装

4.4.11　傲彩办公系列机型

傲彩办公系列机型（型号：OC8400/OC8600/OC8800/OC8400s/OC8600s/OC8800s），简称 OC 系列机种，是专门针对大中型企事业单位、大专院校而研发生产的。

OC 系列机型可以满足用户办公宣传系统的行政印刷需求，便捷加工印制以下产品。

（1）证卡（人像卡）、名片印制，如图 4-137 ～图 4-139 所示。

（2）宣传海报印制。

（3）彩色文件复印。

（4）内刊、报（小量）印制。

（5）宣传栏内容印制。

（6）请柬、贺卡、奖状印制，如图 4-140 所示。

图 4-137　名片

图 4-138　名片拼版

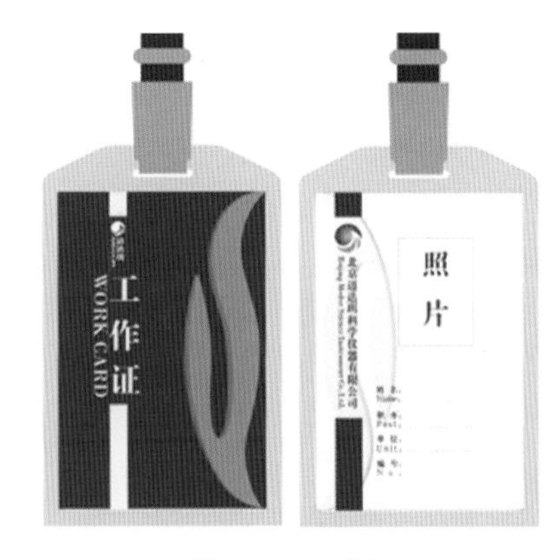

图 4-139　工作证

图 4-140　年历卡

（7）档案彩色图文处理输出，如图 4-141 ～图 4-142 所示。

图 4-141　光盘

图 4-142　档案袋

（8）灯箱布、写真布等户外广告材料的条（横）幅、会场背景等的彩色图文的印制，如图 4-143 ～图 4-144 所示。

（9）广告彩旗印制。

（10）红头文件印制。

（11）少量高档特种纸信笺印制。

图 4-143 户外广告

本系统特点如下。

（1）操作简单易学。

（2）使用成本低、人员需求少。

（3）制作过程内部化，保密程度高。

（4）节省大量外发加工的金钱。

（5）使企业文化建设彰显个性。

图 4-144 手提袋

本系统标配如下。

（1）高精度扫描仪。

（2）可变数据印制插件。

本系统适用范围如下。

（1）大、中型企业。

（2）事业单位办公宣传系统。

（3）星级酒店商务中心等。

4.4.12 高档顶级数码菜谱直印系统

高档顶级数码菜谱直印系统（型号：cp2/cp3/cp4/cp3s/cp4s）可按用户生产量选择不同型号，其顶级配置可实现皮革精装包面彩印（真皮、PU 皮革、PVC 皮革等），内页 300 克以上厚纸无版精印，印刷品质可达顶级进口四色机水准，其细部色彩还原超过四色精印色彩的表现能力。系统最高设计生产能力可日印菜谱 80 册（正度 8 开，每册 24P），该系统印制的成品如图 4-145 和图 4-146 所示。

菜谱专业摄影是根据行业要求拍摄菜谱特写，将图像数据导入计算机，色彩模式转换为 CMYK，像素设为 300dpi，若拍摄图像色温有所偏差，需要在 Photoshop 软件中校色。通常餐饮业青睐暖色调。

图 4-145 （日本料理）瀛折单正面

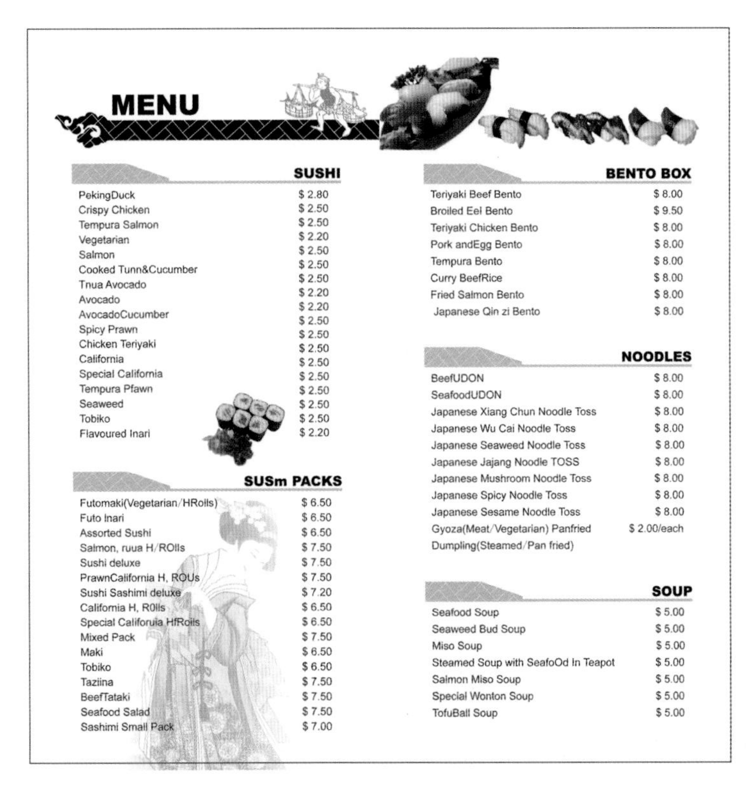

图 4-146 （日本料理）瀛折单反面

1．系统特点

（1）无版直印，交货迅速，如图 4-147 所示。

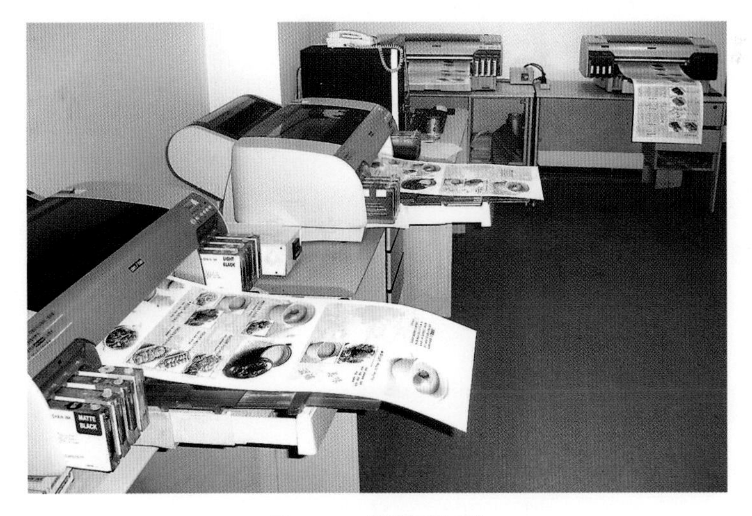

图 4-147　菜谱打样工作

（2）印品与后道装订工序完全接驳，如图 4-148 ～图 4-150 所示。

（3）其成品为目前菜谱界至尊顶级品质，附加值高。

（4）印品色彩耐久度可达到永久级别。

（5）印刷成本低廉。

图 4-148　菜谱后道工艺　　　　图 4-149　菜谱内页

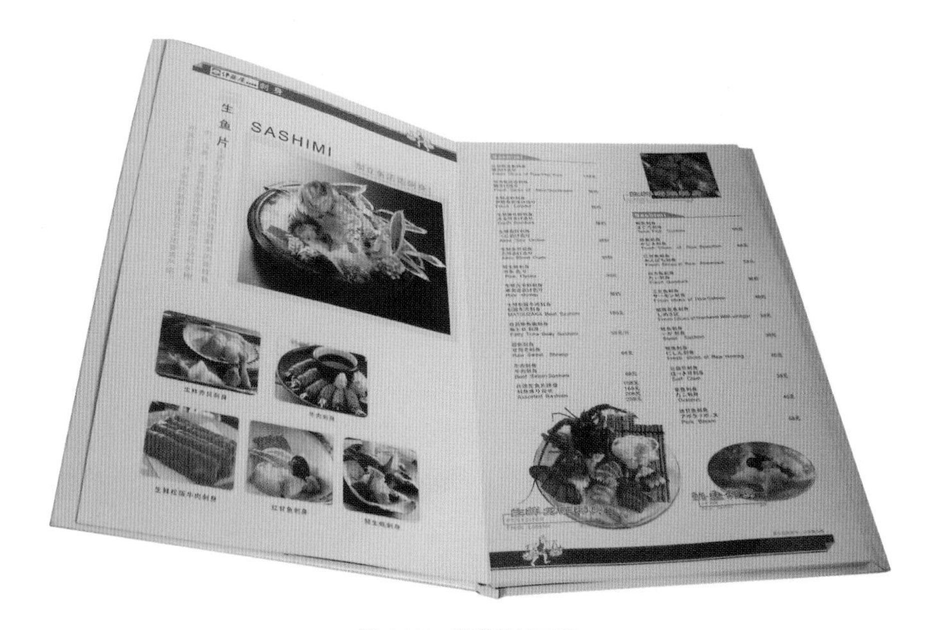

图 4-150　菜谱装订工艺

2. 适用范围

（1）专业菜谱设计制作公司。

（2）快印店。

4.4.13　上机操作注意事项

打样工作过程如图 4-151 所示。使用上述各类设备（机型）上机操作时，应注意以下技术程序事项。图 4-152 中设备为 1 台计算机同时控制管理 5 台打样机工作（1 人操作）。

（1）打开温控器，根据不同的材质、不同克数的纸张或其他用材性能，设置相应的温度（按设备使用说明执行），或及时调整温度，保证图文品质。如图 4-153 所示打样机正在输出菜谱成品样张。

（2）选择与文件材质要求的打印曲线 ICC 后，将文件置入色彩管理软件 Wasatch 进行 Rip。

图 4-151　打样工作过程

图 4-152　打样系统设备

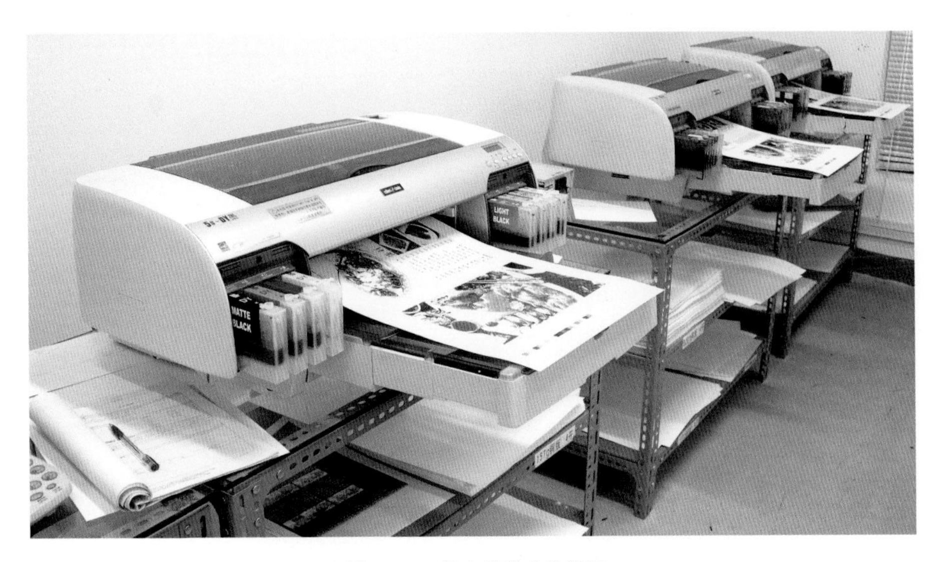

图 4-153　输出菜谱成品样张

（3）进纸时，打印纸裁切边的直角应与打印机进纸口边成90°角，否则打印文件易偏离页面，打印纸易卷曲，如图4-154所示。

图4-154　打样机（4开机）进纸口

课后训练题

一、填空题

1. 全介质数码 ______ 版喷印系统，解决了 ______ 印技术无法实现的特种纸质印刷问题。
2. 全介质数码喷印技术提供专业级印刷标准，具有 ______、______、______、______ 特点。
3. 全介质纸质材料泛指 ______ 涂层的各类纸张。

二、选择题

1. 打印16开广告折单，双面印，采用157荷兰白卡，成品印前需要检查以下文件数据 ______。

   A. 印刷切光尺寸　　B. 出血线（四色角线）　　C. 出血线（单色角线）

   D. 图文转曲　　E. 纸张克数

1）上机印刷前还应检查 ______。

   A. 进纸角度（90°）　　B. 进纸角度（45°）

   C. 是否蹭墨　　D. 打开温控器

2）双面印后检查 ______。

   A. 双面四色角线套准　　B. 双面单色角线套准

2. 短版印刷应选择 ______ 系列机型。

   A. FK系列　　B. DZ系列

3. 全介质数码喷墨技术是 ______。

   A. 热喷墨技术　　B. 压电喷墨技术　　C. 微压电喷墨技术

三、实训题

《自我推广手册》

（1）开本为889mm×1194mm，1/24（大24开），12印张。

（2）材质为157g铜版纸，封面为200g有色花纹纸。

（3）印后工艺。

① 封面底覆亚膜。

② 局部UV。

③ 局部钢刀工艺。

第 5 章

全介质数字印花设计与工艺

近年来，随着文化创意产业创新的不断升温，纺织纤维介质创意设计的个性化需求成为一种时尚，在民间悄然兴起，不但直接影响了时尚界的服饰配件设计内容，还拓展了过往软装设计的传统领域；创意百变的丝绸设计产品成为一种新兴伴手礼，广受全球旅游市场青睐，如图 5-1 ～图 5-5 所示。

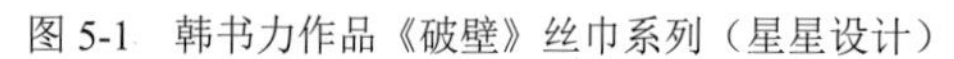

图 5-1　韩书力作品《破壁》丝巾系列（星星设计）

图 5-2　韩书力艺术丝巾系列

图 5-3　传统手工艺与水墨画包装设计

图 5-4　2013 新款丝巾在北京正乙祠戏楼展出全景图（星星设计）

图 5-5　丝巾走秀丝巾礼品

5.1 纺织纤维印花设计与工艺

5.1.1 数字印花设计

印花根据纺织面料经纬线织造原理，纺织纤维原始面料表层密度不如纸质品表层的高密度，所以在数字设计制作印花图形时，必须采用不同于纸质图形设计的各种标配。

纤维图案数字设计步骤。

（1）作品成品尺寸为 200cm×150cm。图案实际尺寸加制作尺寸上下左右各扩 2cm，为 204cm×154cm。

（2）转为设计色彩模式 RGB。

（3）图案像数设置为 100 ～ 150cm。

（4）图案文件存成 JPG 格式。

丝巾印制成品正反两面如图 5-6 和图 5-7 所示。

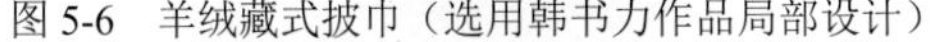

图 5-6　羊绒藏式披巾（选用韩书力作品局部设计）

图 5-7　羊绒藏式披巾（选用韩书力作品局部设计）

5.1.2 纤维印花制作工艺

1. 壁挂设计稿规格

（1）设计稿规格设置要比实际尺寸大，需预留 2cm，以防纤维面料在印制过程中产生热胀（印中膨胀）和冷缩（印后收缩）。

（2）根据面料质地的密度计算成品加工裁切缝位的尺寸，如图 5-8 所示。

图 5-8 《破壁》韩书力作品 120cm×20cm

2. 制作工艺特点

不同面料的品质疏密度各异，印中与印后的缩胀程度不同，设计规格的预留尺寸要相应变化，如图 5-9 和图 5-10 所示。

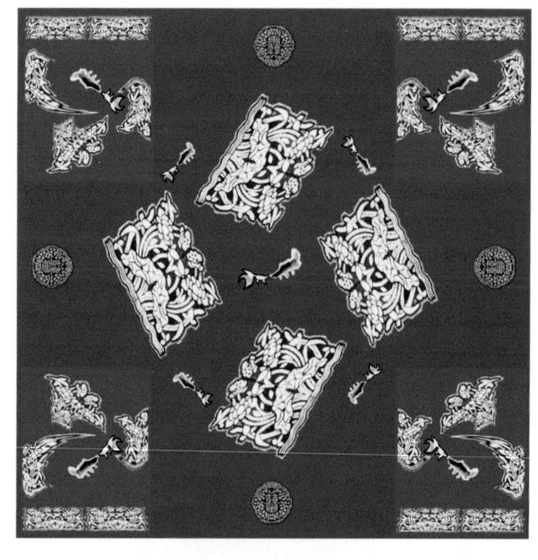

图 5-9　丝巾设计 110cm×110cm

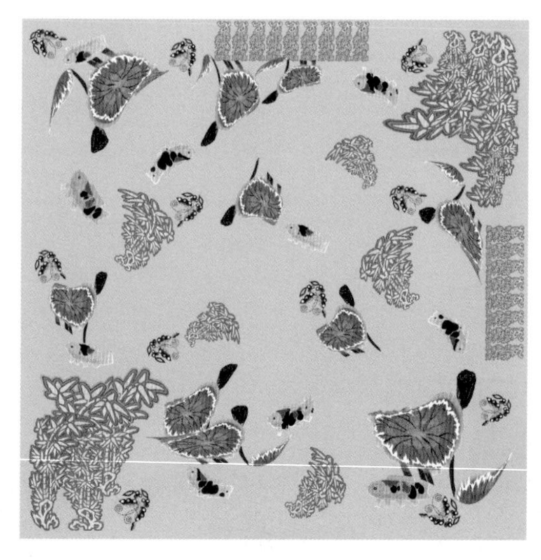

图 5-10　丝巾设计 112cm×112cm

（1）色丁面料质地较密的大方巾实际规格为 110cm×110cm。

（2）设计稿要设置为 112cm×112cm，预留 2cm。

（3）成品文件存储格式为 JPEG。

（4）输出拼版无须折手要求，只需按与数码印花机宽幅相匹配的规格有序排列。

3. 适用范围

（1）室内软装：屏风、椅垫、抱枕等家装用品，如图 5-11 ～图 5-16 所示。

图 5-11　中国花鸟丝绸屏风

图 5-12　棉麻纤维圆枕

图 5-13　棉麻纤维圆枕

图 5-14　全棉椅垫

图 5-15　全棉纤维抱枕创意设计制作系列

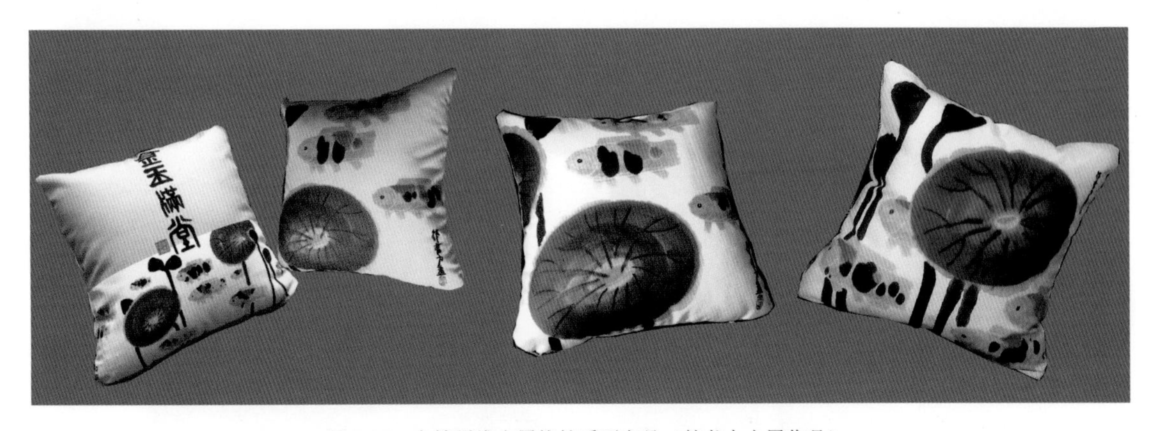

图 5-16　全棉纤维水墨抱枕系列产品（韩书力水墨作品）

（2）各类丝绸材质的创意创新设计产品，如图 5-17 ～图 5-24 所示。

图 5-17　水墨作品丝巾（紫气）

图 5-18　水墨作品丝巾

图 5-19　丝巾走秀 1（星星设计）

图 5-20　丝巾走秀 2（星星设计）

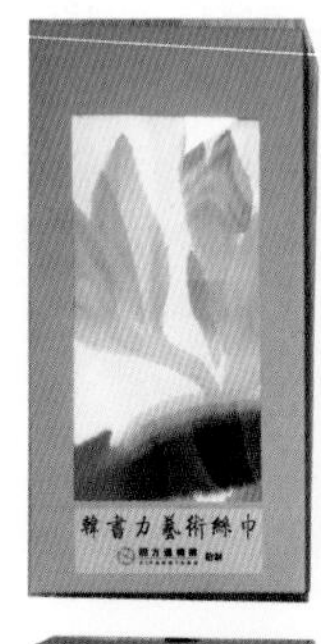
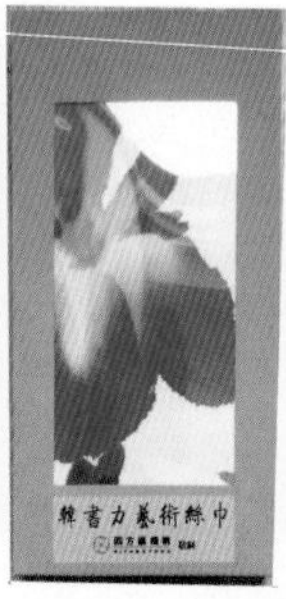
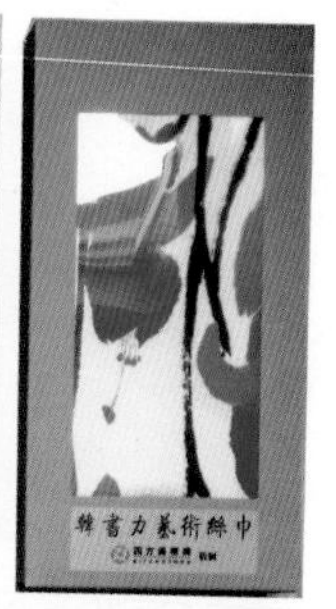
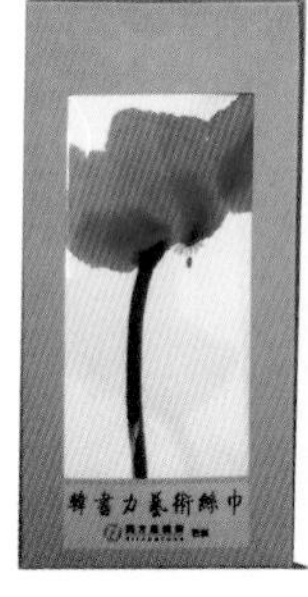
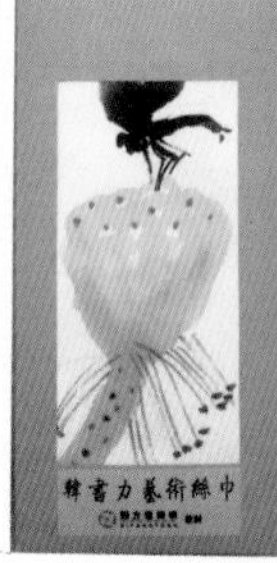

图 5-21　韩书力水墨小品系列丝巾

图 5-22　韩书力艺术丝巾（羊毛）

图 5-23　《“邦锦美朵”彩色连环画收藏珍品》（韩书力作品）册页封面丝绸印制（星星设计）

图 5-24　《“邦锦美朵”彩色连环画收藏珍品》（韩书力作品）宣纸册页封面丝绸印制（星星设计）规格 1700cm 第十二届全国美展书籍装帧作品

5.2 个性化丝绸书画作品设计

5.2.1　丝绸台历设计印制

2013 年台历设计选用《韩书力织锦贴绘作品选》为内容，为了更好地还原作品的“织锦”材质，选择丝绸面料为印品材质，以台历作为载体，成功再现了原作的面貌，如图 5-25 所示。

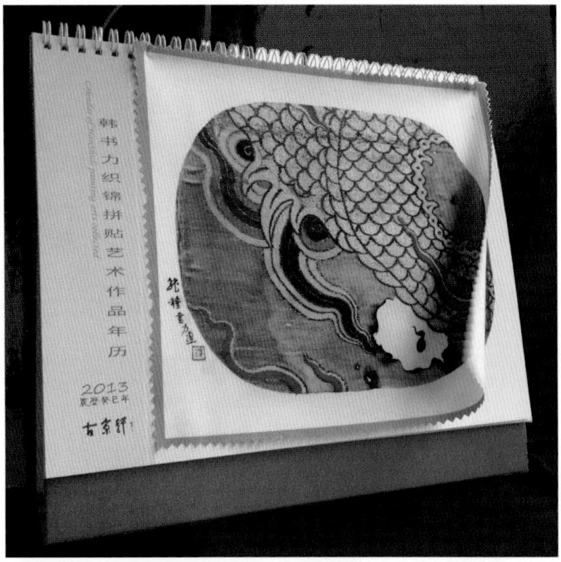

5.2.2　丝绸台历创意设计

近年来，西藏画家韩书力的织锦贴绘小品以其幽默诙谐的内容享誉海内外，深受民众喜爱。将织锦拼贴画作印制于丝绸纤维是一个理想的创意，但是，数位印制纤维与纸质印刷有较大区别，从设计稿到成品制作工艺有以下几个重要环节。

图 5-25　《韩书力织锦贴绘艺术作品》台历

1. 设计标准规格

（1）将不同小品画作重新设置成标准尺寸，以适应台历印后工艺模式，如图 5-26 所示。

（2）使用 Photoshop 软件新建一种暖灰度图层（选择与作品相适宜的色调），便于印制画作标准成品边框裁切花样，如图 5-27 ～图 5-30 所示。

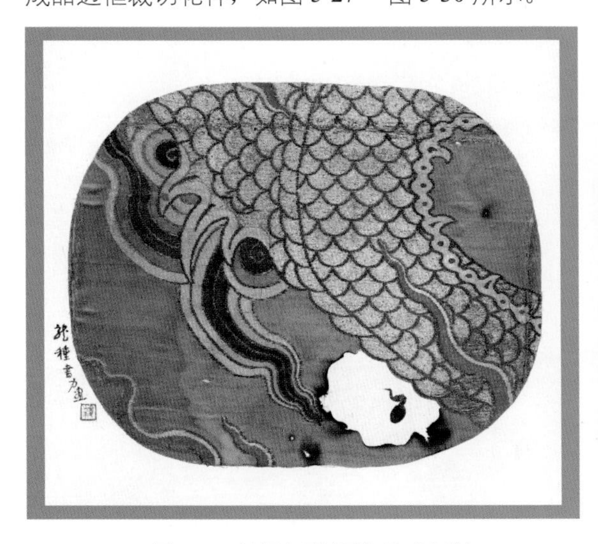

图 5-26　丝绸台历封面作品《龙种》

图 5-27　丝绸台历作品《镇海》

2. 制作工艺标准

（1）根据不同画作重新校色，以期适应纤维印制色彩饱和度的标配。

图 5-28 丝绸台历作品《岁岁平安》

图 5-29 丝绸台历作品《一路连科》

（2）根据不同画作重新增加尺寸，上下左右四边各加 1 ～ 2cm，如图 5-31 和图 5-32 所示。

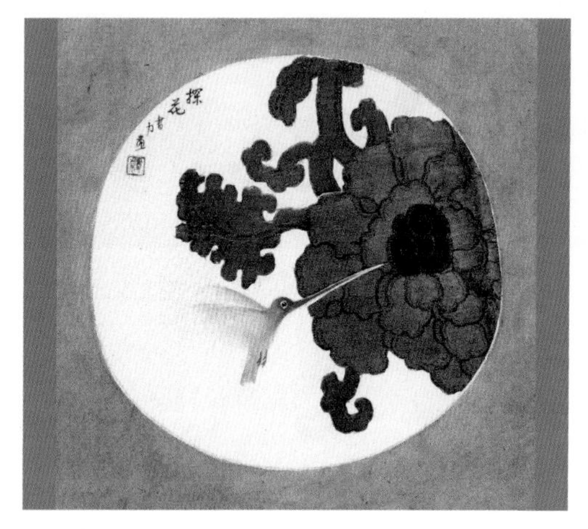

图 5-30 丝绸台历作品《探花》

图 5-31 丝绸台历作品《鸡头凤尾》

（3）根据台历装订要求，在印品上方加扩 2cm，便利圈装打孔，如图 5-33 和图 5-34 所示。

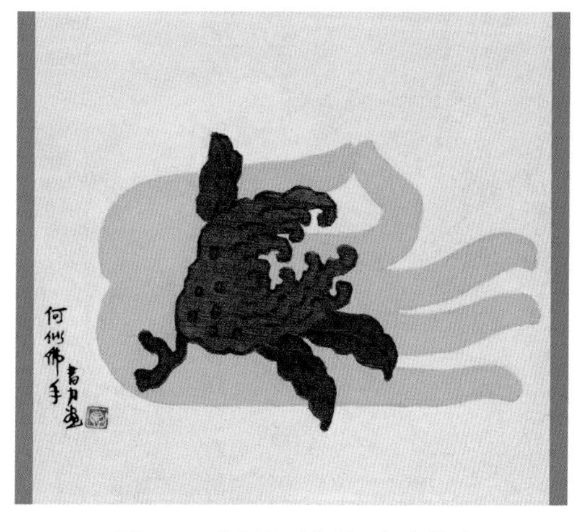

图 5-32 丝绸台历作品《食有余》

图 5-33 丝绸台历作品《何为佛手》

（4）丝绸台历适宜作为馈赠礼品或艺术收藏之用，如图 5-35 所示。

图 5-34　丝绸台历作品《萍水图》

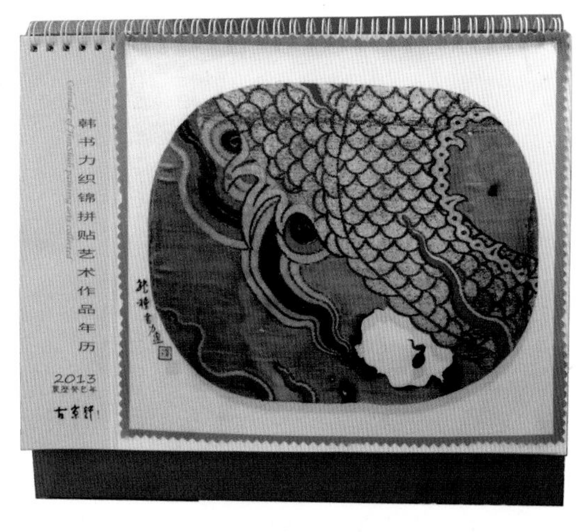

图 5-35　《韩书力织锦贴绘作品选》丝绸台历作品选

5.3 创意丝巾设计

创意丝巾的设计应根据成品规格的特点，考虑图形方向感的多用功能。

5.3.1　方形多用丝巾

1．设计标准规格

（1）规格为 180cm×180cm 的雪纺面料丝巾的设计，图形向四个方角进行不规则排列，如图 5-36 所示。

（2）每个方角由设计元素的组合构成一个较为完整的画面，如图 5-37 ～图 5-40 所示。

图 5-36　水墨丝巾设计 180cm×180cm

图 5-37　水墨丝巾设计 180cm×180cm（左上角）

图 5-38 水墨丝巾设计 180cm×180cm（左下角）

图 5-39 水墨丝巾设计 180cm×180cm（右上角）

（3）尤其注重图案元素的点、线、面关系。

2. 制作工艺标准

（1）检查设计稿是否预留印制尺寸与产品加工裁切尺寸，如图 5-41 所示。

图 5-40 水墨丝巾设计 180cm×180cm（右下角）

图 5-41 水墨丝巾成品设计 120cm×120cm

（2）注意色彩设计的渐变作用，调整曲线。

（3）检查图案设计的使用规律或使用习俗，如图 5-42 所示。

3. 适用范围

适于根据不同场合选择不同的佩戴方式，如图 5-43 所示（这是穿着用丝巾扎成的长裙在走秀的模特）。

图 5-42　水墨丝巾成品设计 120cm×120cm

图 5-43　丝巾走秀（星星设计）

5.3.2　长形多用丝巾

1．设计标准规格

（1）规格为 55cm×180cm 的锦缎面料丝巾的设计，图形方向感主要向上下两头，如图 5-44 ～图 5-49 所示。

图 5-44　丝巾走秀（星星设计）

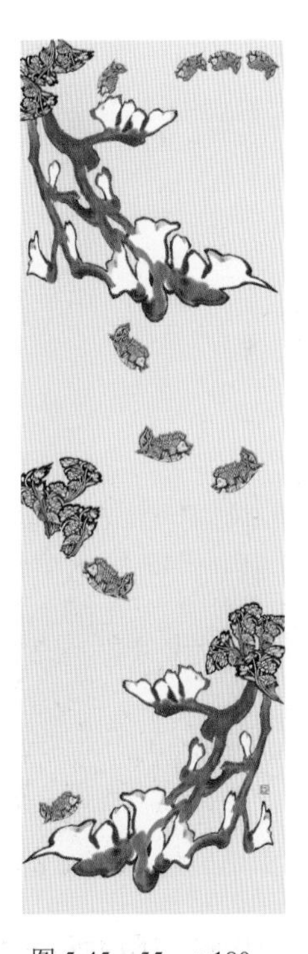

图 5-45　55cm×180cm 丝巾成品设计

图 5-46　丝巾成品设计

（2）上下两头图形排列时应该是镜像排列（相背）。设计稿如图 5-50 ～图 5-52 所示。

2．制作工艺标准

（1）检查设计稿是否预留印制尺寸与产品加工裁切尺寸。

（2）要注意使用时的方向感要求，如图 5-53 ～图 5-55 所示。

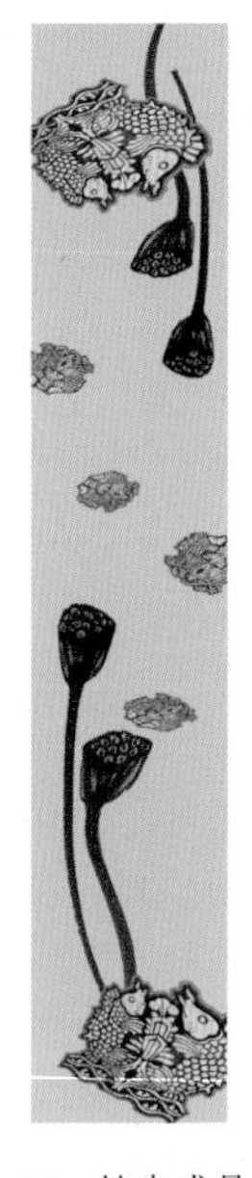

图 5-47　丝巾成品设计 32cm×172cm

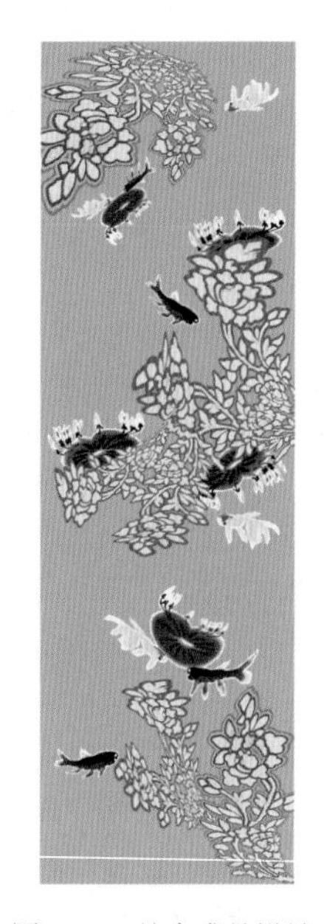

图 5-48　丝巾成品设计 55cm×180cm

图 5-49　丝巾成品设计 12cm×150cm

图 5-50　韩书力水墨作品《紫气》丝巾设计 35cm×170cm

图 5-51　韩书力水墨作品《紫气》丝巾设计 35cm×170cm

图 5-52　《紫气》丝巾成品 12cm×150cm

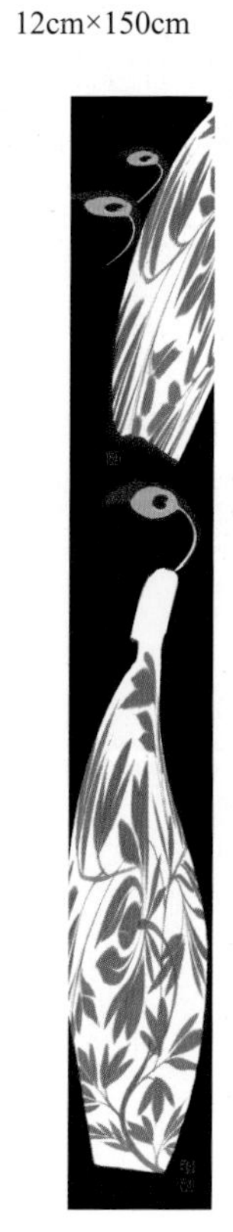

图 5-53　花瓶丝巾成品 20cm×152cm 黑色

图 5-54　花瓶丝巾成品设计 14cm×152cm

（3）符合长围巾使用的审美规则。

（4）长丝巾作为披风的使用效果如图 5-56 和图 5-57 所示。

图 5-55　韩书力水墨作品丝巾设计 30cm×170cm

图 5-56　丝巾走秀（星星设计）

图 5-57　丝巾走秀（星星设计）

3. 适用范围

适于日常佩戴，也可作为伴手礼，如图 5-58 ～图 5-61 所示。

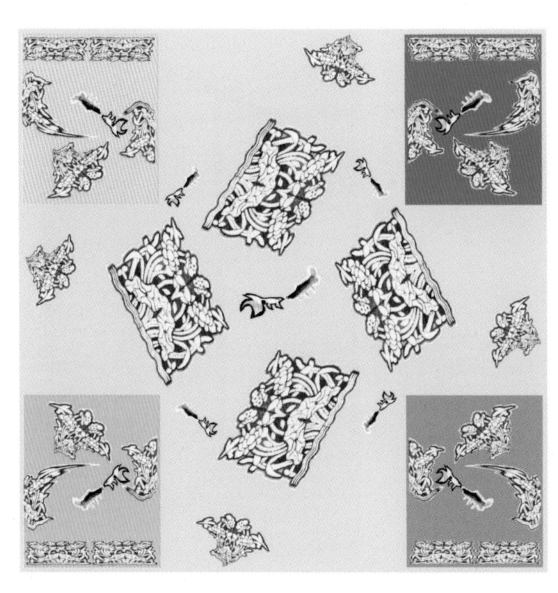

图 5-58　丝巾设计 110cm×110cm

图 5-59　小方巾设计 52cm×52cm

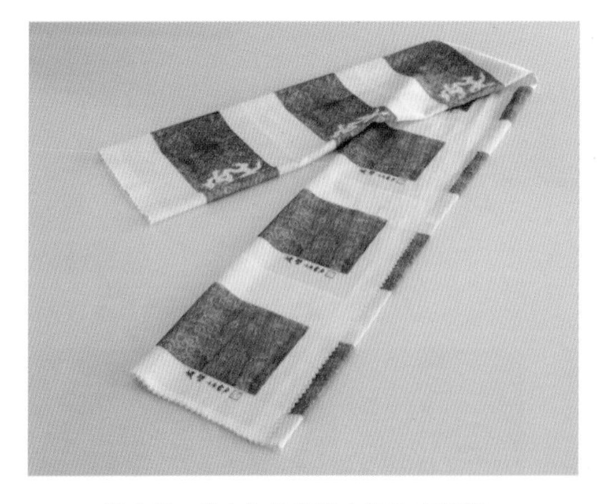

图 5-60　丝巾礼品 韩书力原作《破壁》（星星设计）

图 5-61　韩书力原作《紫气》水墨丝巾创意设计系列产品（星星设计）

5.4 古菁工坊个性全屋定制创意设计

5.4.1　屏风设计

（1）韩书力重彩作品《金屋》创意设计，如图 5-62 和图 5-63 所示。

制作工艺标准：仿绢丝半透三折屏，织品印染工艺，樟子松本色实木框，规格为每折 45cm×180cm。

（2）现代山水双面四折屏实景，如图 5-64 所示。

制作工艺标准：双面四折屏，棉麻印染，实木（胡桃木）框，规格为单片 80cm×260cm。

图 5-62 《金屋》布面重彩 韩书力 丝质半透明单片屏风 45cm×180cm

图 5-63 《金屋》布面重彩 韩书力 丝质半透明屏风 180cm×135cm

图 5-64　现代山水 双面四折屏实景

5.4.2 圆形壁画、壁饰设计

（1）《簪花仕女图》（唐代）壁画实景，如图 5-65 所示。

制作工艺标准：原木浆壁画专用环保材料，无涂层，透气不透水——会呼吸的壁画，规格为 8m×3m。

图 5-65 《簪花仕女图》壁画实景

（2）现代山水壁画实景，如图 5-66 所示。

制作工艺标准：原木浆壁画专用环保材料，无涂层，透气不透水——会呼吸的壁画，规格为直径 3.3m。

（3）宋代书法圆形壁画创意设计，如图 5-67 所示。

图 5-66 现代山水壁画实景

图 5-67 宋代书法圆形壁画

制作工艺标准：泥金宣复制，手工现场裱墙，规格为直径 1.5m。

5.4.3 靠垫定制设计

（1）韩书力扇画水墨作品设计创意，如图 5-68 ～图 5-73 所示。

制作工艺标准：棉麻材质。

图 5-68　韩书力扇画水墨作品创意设计系列——靠垫之一

图 5-69　韩书力扇画水墨作品创意设计系列——靠垫之二　图 5-70　韩书力扇画水墨作品创意设计系列——靠垫之三

图 5-71　韩书力扇画水墨作品创意设计系列——靠垫《来去匆匆》

图 5-72　韩书力扇画水墨作品创意设计系列——靠垫之一《室有清风 仙客常来》

图 5-73　韩书力扇画水墨作品创意设计系列——靠垫之二《打开天窗说亮话》

图 5-74　藏族画家拉巴次仁重彩作品创意靠垫系列之一

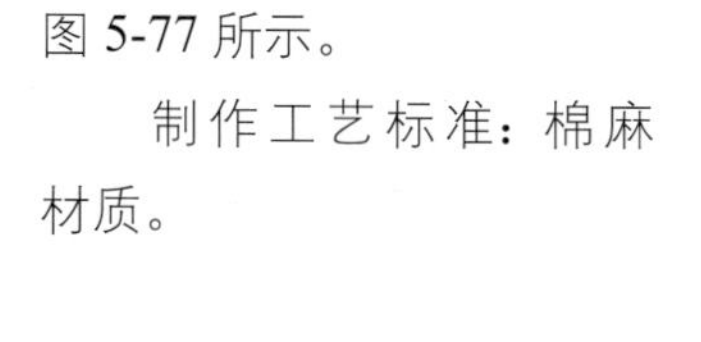

（2）拉巴次仁重彩作品设计创意，如图 5-74 ～图 5-77 所示。

制作工艺标准：棉麻材质。

图 5-75　藏族画家拉巴次仁重彩作品创意靠垫之二

图 5-76　藏族画家拉巴次仁重彩作品创意靠垫系列之三

图 5-77　藏族画家拉巴次仁重彩作品创意靠垫系列之四

（3）韩书力扇画水墨作品创意靠垫设计系列，如图 5-78 ～图 5-82 所示。

制作工艺标准：棉麻材质。

成品规格：60cm×60cm，如图 5-78 ～图 5-82 所示；70cm×50cm，如图 5-79 所示。

图 5-78　棉麻靠垫 星星设计 韩书力作品 新五牛图 扇画 60cm×60cm

图 5-79　棉麻靠垫 星星设计 韩书力作品 杏花春雨 扇画 70cm×50cm

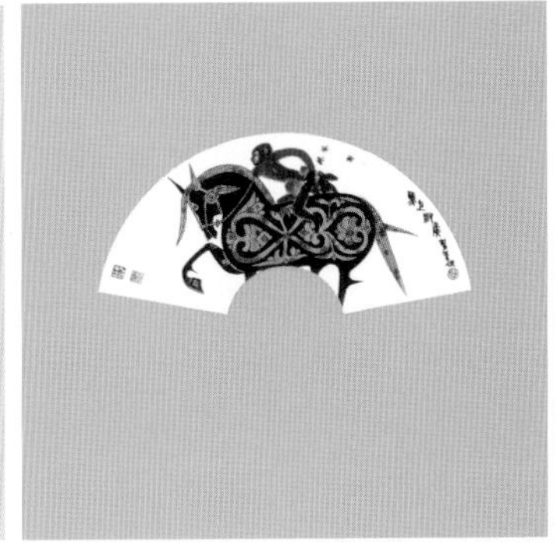

图 5-80　棉麻靠垫 星星设计 韩书力作品 马上封侯 扇画 60cm×60cm

图 5-81　棉麻靠垫 星星设计 韩书力作品
来去匆匆 扇画 60cm×60cm

图 5-82　棉麻靠垫 星星设计　韩书力作品
塞纳河中的月亮 扇画 60cm×60cm

课后训练题

一、填空题

1．数码印花设计的色彩模式 ______、像素要求 ______。

2．创意丝巾印花设计成品为 120cm×120cm，设计稿规格应该预留 ______、裁切位预留 ______。

二、思考题

数码纤维印花与数码图文印刷有哪些异同点？请举例说明。

（1）从设计角度分析。

（2）从印制工艺方面分析。

三、实训题

请你任意选择一款纤维产品形式，做创新创意设计，并将你的创意付诸实现，通过标准工艺流程制作成品。

第 6 章

佳作范例解析

无论是传统印刷还是数字印刷，抑或是全介质数字印刷的后道工艺、制作等一系列技术工艺手段都是通用的，只是在印前检查文件时必须明确相关成品材料所要求的工艺流程，才能保证印品的质量和完成时间。

6.1 印刷品质管理常识

如果设计师想让印刷成品质量达到预期效果，那么就需要认真关注印刷设计制作流程的更多细节，并真正培养自己的质量控管能力，可以从以下几个方面着手。

6.1.1　创意设计和工艺策略

好的设计需要从初始阶段就对成品质量有把握的构思，在制订印刷品方案时，从印刷供应商和设计师过往经验中得到信心和技术支持。在任何一项创意尤其在多重工艺复合的设计中，请牢记时刻关注每一处图形，并不断提醒设计团队这样一句话："细节决定成败。"

6.1.2　印刷载体与油墨

印刷载体除了纸张，还有布料、金属、塑料薄膜、木质材料等，不同载体可以采用不同的印刷方式，效果也各有不同，印刷载体还会有不同的品牌、种类和特性，比如最常用的铜版纸和亚粉纸，进口与国产的种类有几十种，哪一款纸张更适合表现你的设计？同样，油墨的质量对印刷成品有直接的影响，好的油墨在色彩还原和成像层次上肯定更胜一筹。

6.2 胶印工艺与设计成品

胶印工艺与设计成品如图 6-1 ～图 6-9 所示。

图 6-1　胶印书籍 1

图 6-2　胶印书籍 2

图 6-3　书籍内文设计工艺

图 6-4　折单广告

图 6-5　胶印作品欣赏

图 6-6　《走进喜马拉雅》软精装书籍（韩书力著 星星设计）

第三届华东地区书籍设计双年展银奖

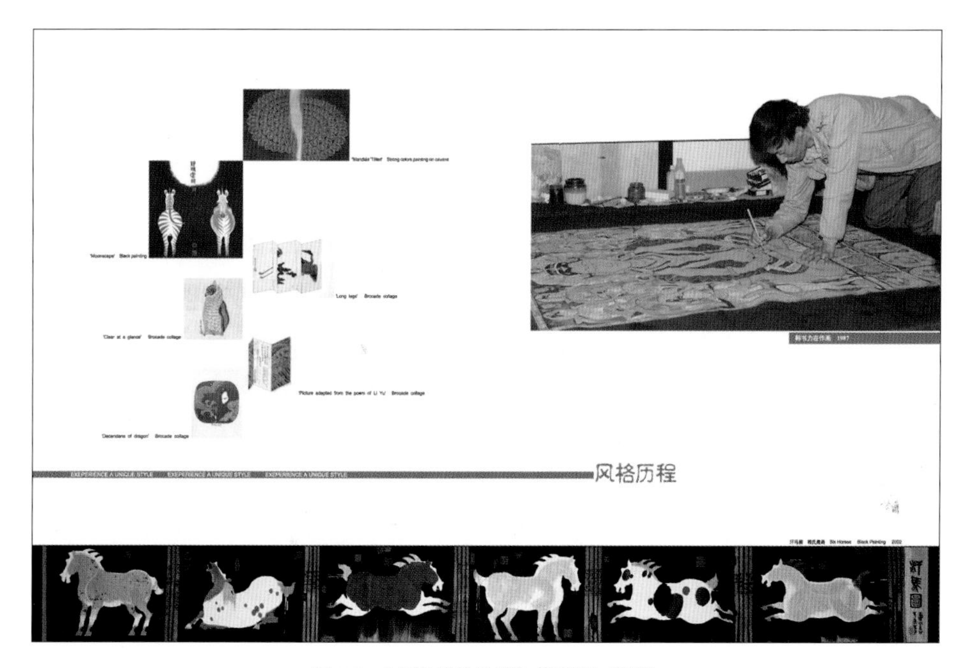

图 6-7　《走进喜马拉雅》篇章版式设计

图 6-8　《走进喜马拉雅》简介、前言版式设计

图 6-9　内页胶线装工艺

6.3 数字工艺与设计成品

数字工艺与设计成品如图 6-10 ～图 6-13 所示。

图 6-10　《阅读欧洲》招贴

图 6-11　招贴 1

图 6-12　招贴 2

图 6-13　公益广告

6.4 全介质数字工艺与设计成品

全介质数字工艺与设计成品如图 6-14 ～图 6-41 所示。

图 6-14　车靓贴

图 6-15　瓶标

图 6-16　食品包装

图 6-17　彩盒

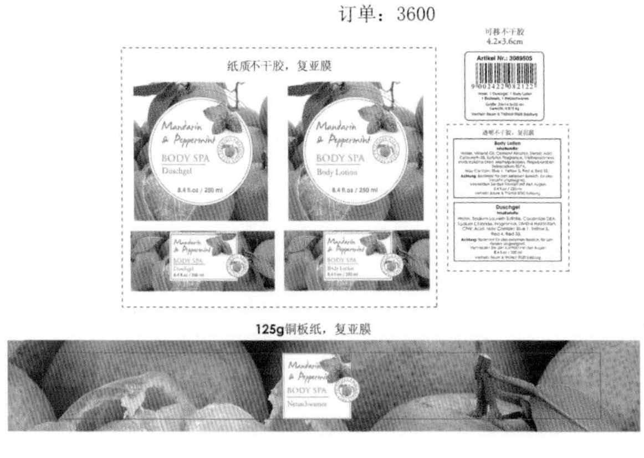

浴盐盒，复亚膜
8.9*4.4*13.1cm

图 6-18　纸质不干胶（橘子包装）

图 6-19　纸质不干胶（橘子包装条码）

可移不干胶
4.2×3.6cm

透明不干胶，复亮膜

Body Lotion
Inhaltsstoffe:
Water, Mineral Oil, Cetearyl Alcohol, Stearic Acid, Ceteareth-25, Sorbitol, Fragrance, Triethanolamine, Imidazolidinyl Urea, Methylparaben, Propylparaben, Tetrasodium EDTA.
May Contain: Blue 1, Yellow 5, Red 4, Red 33.
Achtung: Bestimmt für den externen Bereich, für den Verzehr ungeeignet.
Vermeiden Sie den Kontakt mit den Augen.
8.4 fl.oz / 250 ml
Vertrieb: Bauer & Thürridl 5020 Salzburg

Duschgel
Inhaltsstoffe:
Water, Sodium Laureth Sulfate, Cocamide DEA, Sodium Chloride, Fragrance, DMDM Hydantoin, Citric Acid, May Contain: Blue 1, Yellow 5, Red 4, Red 33.
Achtung: Bestimmt für den externen Bereich, für den Verzehr ungeeignet.
Vermeiden Sie den Kontakt mit den Augen.
8.4 fl.oz / 250 ml
Vertrieb: Bauer & Thürridl 5020 Salzburg

图 6-20　包装条形码

图 6-21　不干胶（红色系列）

图 6-22　铜版不干胶（白雪公主）

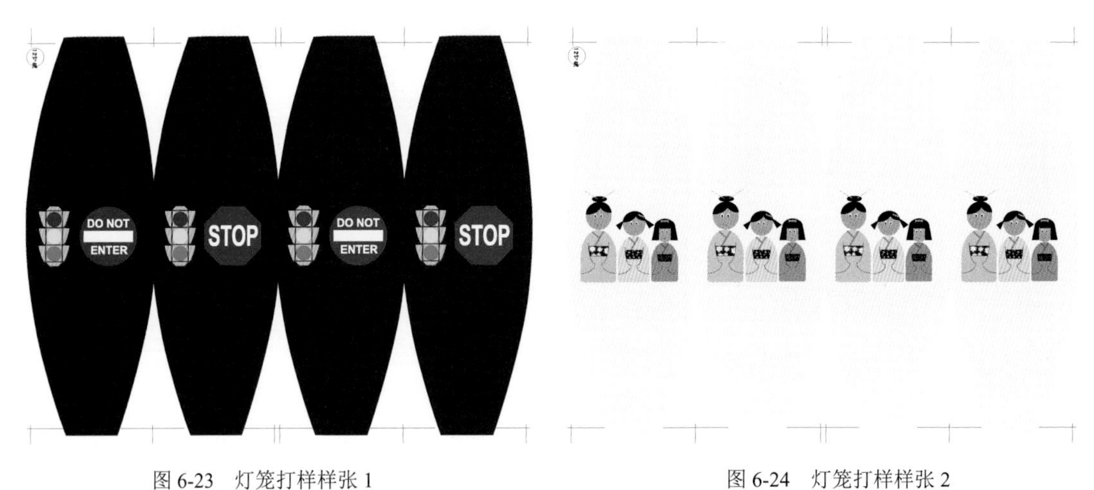

图 6-23　灯笼打样样张 1

图 6-24　灯笼打样样张 2

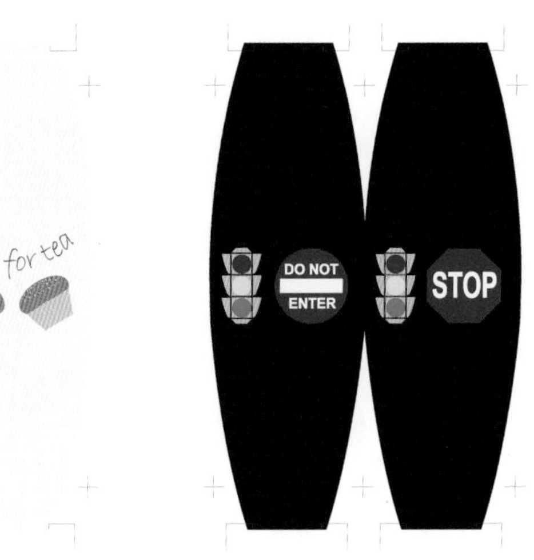

图 6-25　灯笼打样样张 3

图 6-26　灯笼打样样张 4

图 6-27　灯笼打样样张 5

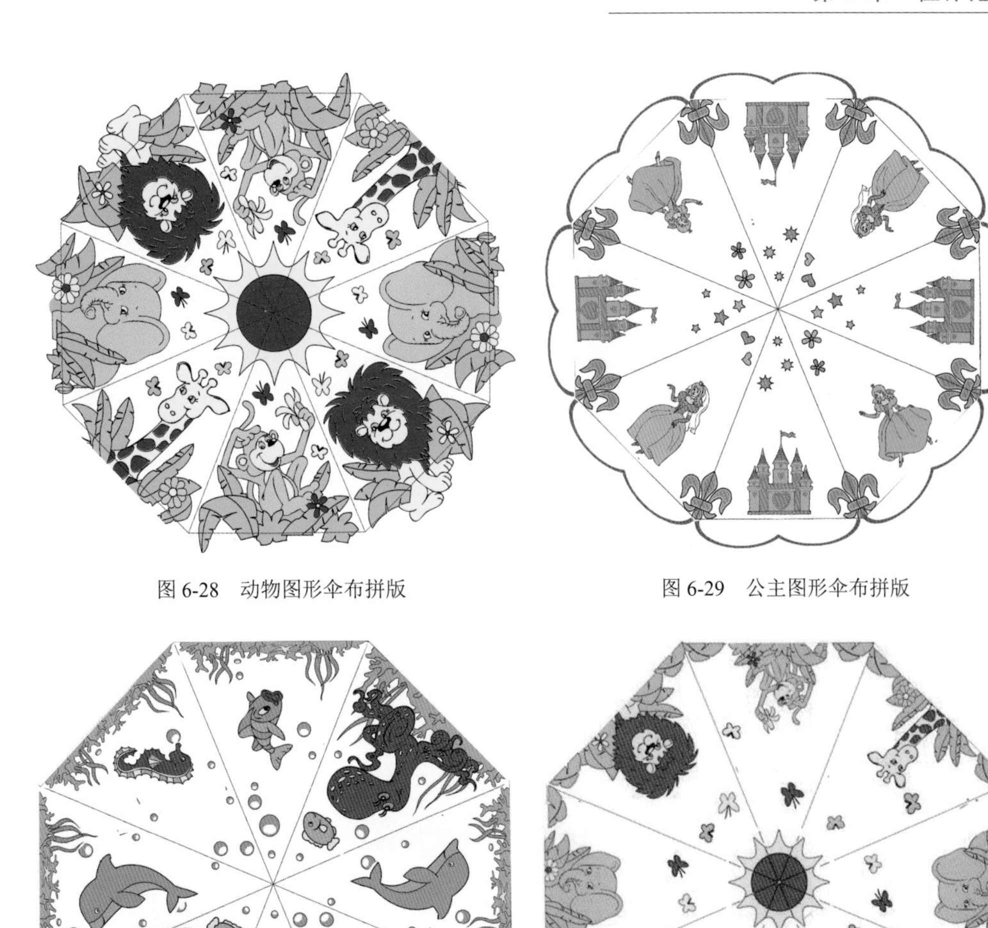

图 6-28　动物图形伞布拼版

图 6-29　公主图形伞布拼版

图 6-30　海洋生物图形伞布拼版

图 6-31　狮子图形伞布拼版

图 6-32　服装图形小样

图 6-33 婚纱摄影

图 6-34 古装婚纱摄影

图 6-35 伊藤屋单点菜谱

图 6-36 北方中式设计实景打样（卓卫东设计）

图 6-37 简约中式设计打样（卓卫东设计）

图 6-38　贺卡封面设计（林栩钰设计）

图 6-39　贺卡内页设计 1（林栩钰设计）

图 6-40　贺卡内页设计 2（林栩钰设计）

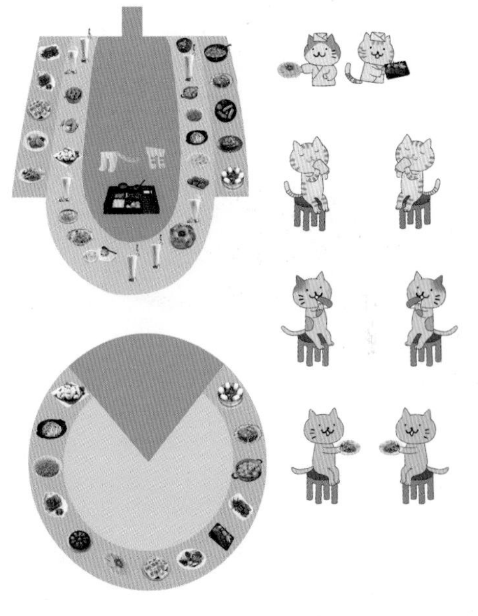

图 6-41　贺卡内页设计 3（林栩钰设计）

6.5 印后工艺赏析

6.5.1　折单广告图例

1．MIAMI HEAT 迈阿密热队

有一年美国 NBA 以痛苦的混乱开始它这一年赛季——由于内部矛盾导致球员停赛，造成赛

事和经济上的极大损失。于是在这一年迈阿密热队发出的明信片上运用了篮球和一个世界通用的和平标志的叠加，以象征这次冲突的结束以及漫长等待后新赛季的开始，如图 6-42 所示。

有时宣传卡传递的不仅是商业信息，而且是情感和期盼。

图 6-42　NBA 赛事直邮广告

2. TWISTOTIC 扭曲的幻影

颇有“007”意味的设计作品，是“280DESIGN”工作室为著名品牌酒伏特加的新口味“TWIST”的出品酒会设计的请柬，如图 6-43 所示。

当你打开请柬折页时，“TWIST”的剪影便带给你扑朔迷离的幻象，犹如品尝了伏特加酒的新口味。折单设计色彩中的红色块为酒瓶图形，块状构成形式极具 21 世纪的网页时尚。

3. 车族旅行手册印后工艺

车族旅行手册印后工艺如图 6-44 所示，其他类型的印后工艺如图 6-45 ～图 6-51 所示。

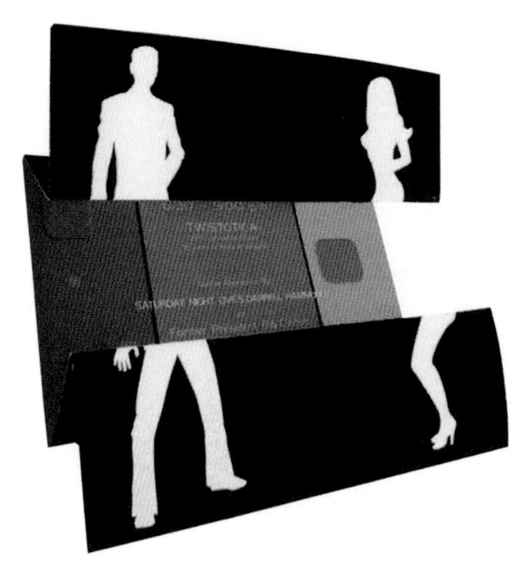

图 6-43　伏特加请柬广告

图 6-44　车族旅行手册印后工艺

图 6-45　电视广告异型装订（封面）

图 6-46　电视广告异型装订工艺（扉页）

图 6-47　电视广告异型装订工艺（内页）1

图 6-48　电视广告异型装订工艺（内页）2

图 6-49　折单模切工艺（学生设计）

图 6-50　系列印品内页模切工艺

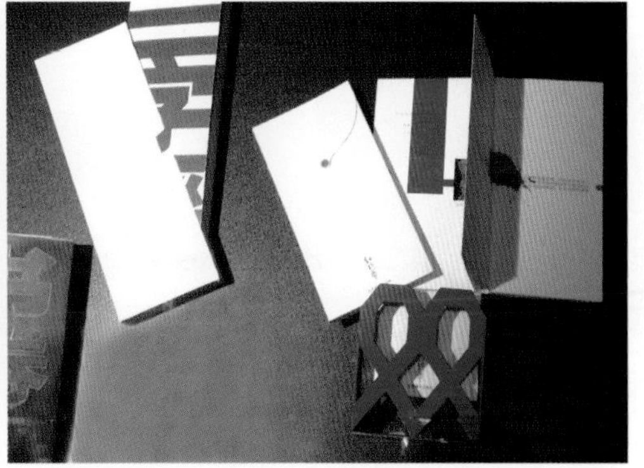

图 6-51　品牌折单广告模压工艺（学生设计）

6.5.2　出版物图例

出版物图例如图 6-52 ～图 6-71 所示。

图 6-52　有声立体书

图 6-53　书籍欣赏

图 6-54　电子出版物欣赏

图 6-55　维也纳歌剧院节目单（唐伟杰设计）

图 6-56　维也纳歌剧院节目单 CD 包装（唐伟杰设计）

图 6-57　概念楼书折页书籍工艺（傅克勤设计）

图 6-58　书籍外包装工艺（唐伟杰设计）

图 6-59　中国碑帖系列书籍包装（吴勇设计）

图 6-60　书籍特种工艺（红卫设计）

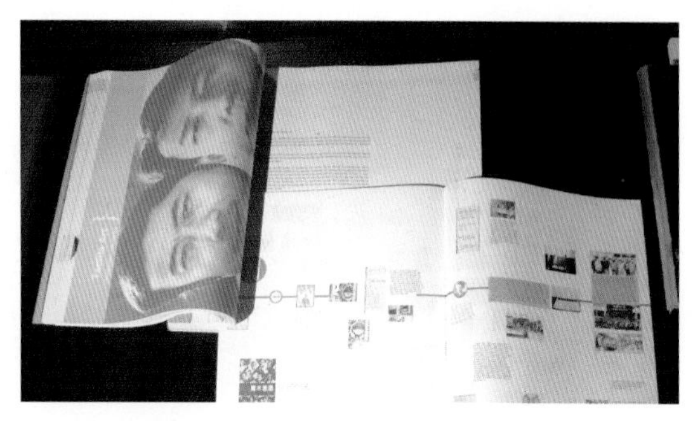

图 6-61　书籍内页蒙肯纸专色印刷工艺

图 6-62　书籍外包装工艺（田晶精设计）

图 6-63　书籍外包装

图 6-64　书籍精装锁线工艺（红卫设计）

图 6-65　书籍护封模压工艺（高伟等设计，优秀作品）

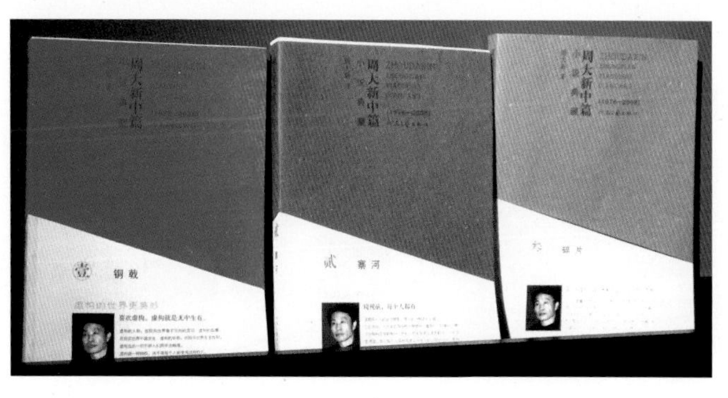

图 6-66　系列小说护封工艺（吴月设计）

图 6-67　中国古代工艺书籍（模切工艺）

图 6-68　传统工艺书籍外包装

图 6-69　书籍内页工艺（不同材质）（学生设计）

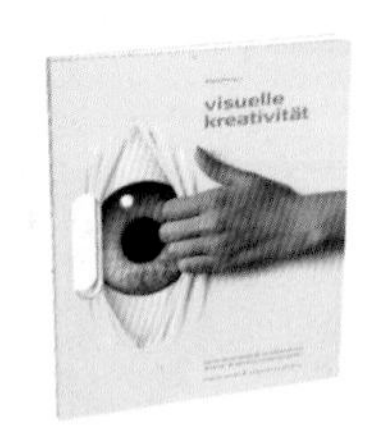

图 6-70　印后工艺欣赏

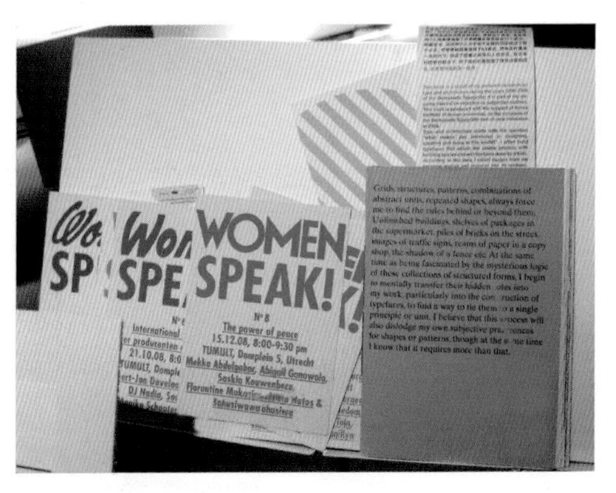

图 6-71　全介质纸质工艺

6.5.3　高档菜谱图例

高档菜谱图例如图 6-72 ～图 6-77 所示。

图 6-72　日式料理系列

图 6-73　日式料理创意设计

图 6-74　菜谱工艺

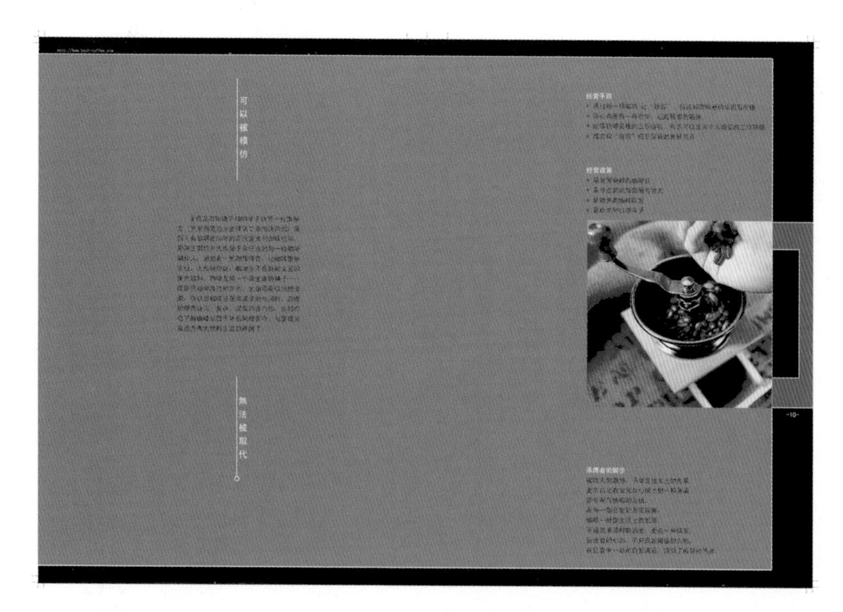

图 6-75　咖啡饮品画册版式设计效果图 1（明高设计）

图 6-76　咖啡饮品画册工艺设计效果图 2（明高设计）

图 6-77　咖啡饮品画册封面设计效果图 3（明高设计）

6.5.4　服装吊牌图例

服装吊牌图例如图 6-78 ～图 6-86 所示。

图 6-78　服装吊牌 1

图 6-79　服装吊牌 2

图 6-80　服装吊牌 3

图 6-81　服装吊牌 4

图 6-82　服装吊牌 5

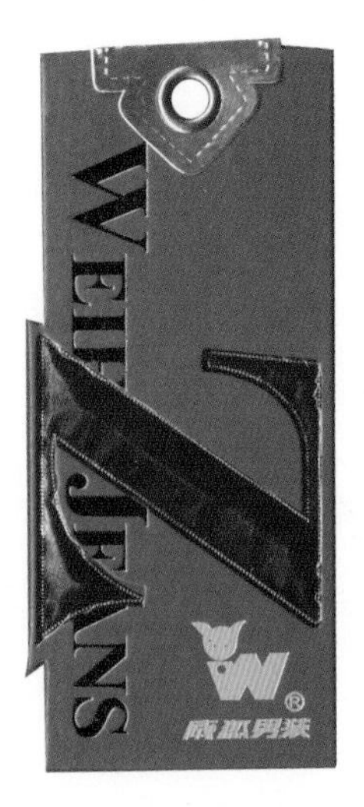

图 6-83　服装吊牌 6

图 6-84　服装吊牌 7

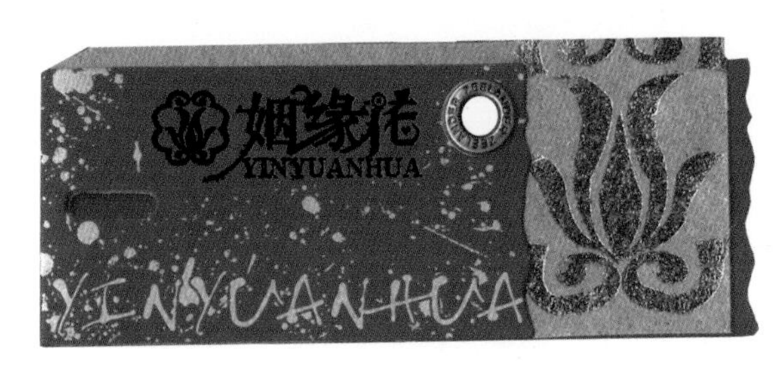

图 6-85　服装吊牌 8

图 6-86　吊牌成品工艺

6.5.5　皮革图案印制图例

皮革图案印制图例如图 6-87 ～图 6-90 所示。

图 6-87　皮包印制工艺 1

图 6-88　皮包印制工艺 2

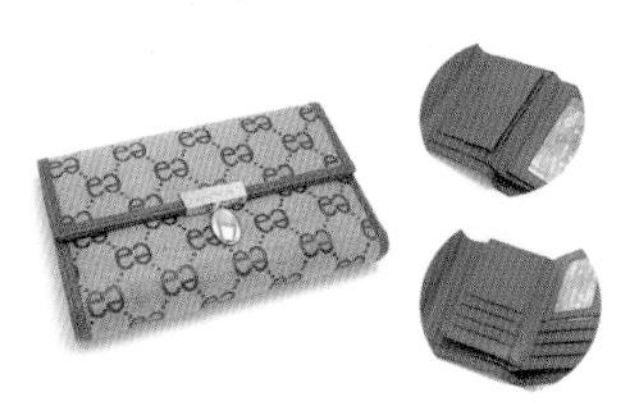

图 6-89　钱包印制工艺

图 6-90　鞋类印制工艺

6.5.6　印品包装工艺图例

印品包装工艺图例如图 6-91 ～图 6-109 所示。

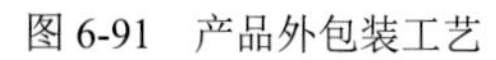

图 6-91 产品外包装工艺

图 6-92 产品包装设计

图 6-93 食品包装 1

图 6-94 食品包装 2

图 6-95 冰箱贴设计

图 6-96 文具包装

图 6-97　异型图书包装工艺

图 6-98　CD 包装设计
（赵娜设计，福建师范大学学生，导师丘星星）

图 6-99　书籍系列包装工艺

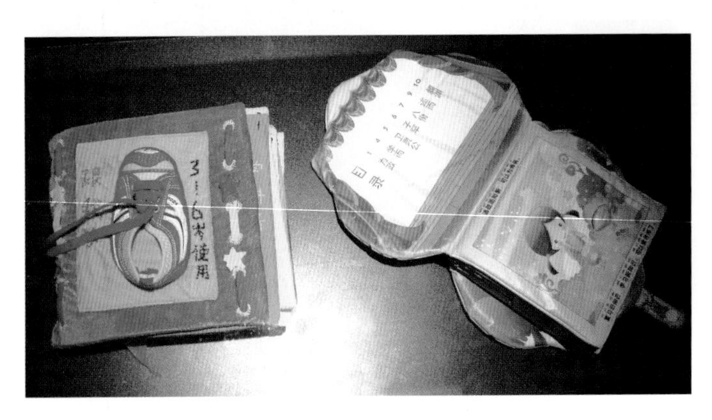

图 6-100　电子出版物手工包装工艺
（最佳奖，王燕设计，北京印刷学院学生）

图 6-101　最佳奖线装书布袋包装工艺
（学生设计）

图 6-102　书籍设计立体图
（江西师范大学学生设计，导师丘斌）

图 6-103　印刷包装设计作品
（韦岩设计，江西师范大学学生，导师丘斌）

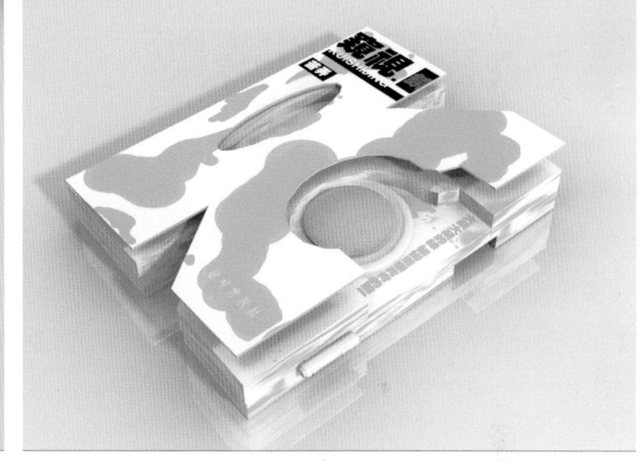

图 6-104　化妆品包装设计立体图（江西师范大学学生作品，导师丘斌）

图 6-105　卡通人形金属茶叶罐设计（日本）

图 6-106　巧克力纸品包装设计（日本）

图 6-107　纸品茶叶盒包装设计（日本）　　图 6-108　冰箱贴 1　　图 6-109　冰箱贴 2

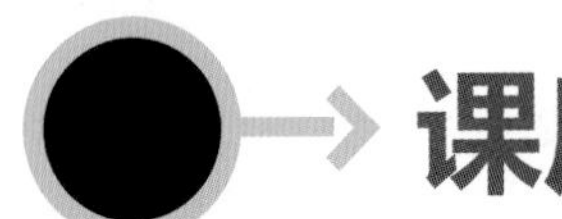

课后训练题

实训题

1．请选择你认为设计创意与印刷工艺结合得最完美的成品进行评析（图例可从教材中选择，也可从课外读本中选择）。

2．在全介质数字技术领域中，选择你认为最受青睐的行业，为什么？请举例说明。

第 7 章

常见问题解答

韩书力 著
BY HAN SHULI
走进喜马拉雅
Walking to The Himalayas
藏传佛教艺术新观
TIBETAN BUDDHISM NEW VIEW
藏域民俗掠影
TIBETAN SCENES AND CUSTOMS
边地人轶事
CELEBRATIES AND THEIR ANECDOTES IN TIBET
风格历程
EXPERIENCE A UNIQUE STYLE
WALKING TO THE HIMALAYAS BY HAN SHULI
福建美术出版社
FUJIAN FINE ART PUBLISHING HOUSE

7.1 容易混淆的名称与概念

7.1.1 纸与纸板的区别

按照国际标准化组织ISO规定，原则上把定量小于225g/m^{2}的纸页叫作纸张，定量大于225g/m^{2}的叫作纸板，只有极少数例外。

1. 纸和纸板按用途做的分类

纸和纸板通常根据用途分类。纸大致可分为文化用纸、国防与工农业技术用纸、工业技术用板纸、建筑用板纸以及印刷与装饰用纸五大类。

2. 通常的非涂布印刷用纸及其用途

（1）新闻纸：俗称白报纸。主要用于印刷日报、晨报、晚报、周报等。

（2）胶版印刷纸：简称胶版纸，又称双胶纸，胶版印刷纸除专供胶印机用来印刷书刊、画册、图片、商标外，定量大的品种适用于印刷各大饭店、企事业单位的办公、宣传用品。

（3）单面胶版纸：简称单胶纸。它与胶版纸的不同之处是：单胶纸适合单面（正面）印刷。单胶纸的用途：印刷香烟包装烟盒、商品商标、宣传彩画和儿童游戏图等。

（4）胶印书刊纸：主要应用于各种出版物，如书籍、杂志、文献等的胶版印刷。

（5）书写纸：在我国台湾地区被叫作笔记用纸。它是一种在日常生活和学习中供钢笔、圆珠笔等书写用的纸张，也可供印刷、打字之用。

（6）地图纸：地图纸是专供印刷地图类出版物的一种高级印刷纸。这些图形上的线条都要求精细、准确，故对纸的质量要求很高。

（7）邮票纸：一种专供未涂布的凹版印刷邮票之用的专用纸。主要用途：印刷各类普通邮票、纪念邮票和记载某些有重要意义的事物的特种邮票。

（8）白卡纸：白卡纸是一种坚挺厚实、定量较大的厚纸。主要用途：印刷名片、证书、请柬、封皮、台历以及邮政明信片等。

（9）信封纸：信封纸是以为邮政服务为目的。一般信封纸分为白色信封纸和牛皮信封纸两种。

（10）书写纸：书写纸是印刷各种账页、笔记本、练习簿等，供人们用钢笔、铅笔、圆珠笔等硬笔进行书写、绘画、描印等的用纸。

（11）打字纸：打字纸是一种供打字、复写、信笺等办公用纸张。打字纸分为A、B、C三级。

（12）技术用纸：静电复印纸是现代办公自动化用量最大、使用简单、价格便宜的纸张之一。静电复印技术按复印用纸分为以下两种。

- 直接复印法（涂层法）——需要特种感光复印纸。
- 间接复印法（转印法）——需要通过复印纸。

（13）电子计算机打印纸：电子计算机打印纸主要用于个人电脑、工业控制机、传真机、终端显示，以及各类电子计算机的输出信号记录打印。电子计算机用纸根据用途和形式分为卡纸、卡带、计算机绘图纸、折叠打印纸和长形、圆形、条形的信息处理用连续格式打印纸，以及具有各种性能的涂料打印记录纸等品种。

3. 常用的涂布印刷用纸及其用途

（1）铜版纸：有单面和双面铜版纸之分，按照习惯，通常说的铜版纸指的是双面铜版纸；单面铜版纸是不可以简化为铜版纸的。

（2）轻量涂布纸：轻量涂布纸是一种涂布量较低、定量不一定低的涂布纸，简称轻涂纸。如印刷书籍、画片等。

（3）铸涂纸：又称高光泽铜版纸，俗称玻璃卡纸。它是一种表面特别光亮、犹如镜面的优质印刷涂布纸。主要用于印刷高级美术图片、彩色广告、挂历、不干胶商标、商业图案、贺年卡、请柬、精致工艺品包装袋。

（4）蜡光纸：蜡光纸是一种单面涂有各种颜色涂料，或者加工印有花纹的涂布加工纸。主要用途为印刷商标、装潢商品、美化橱窗、精美包装、纸扎彩灯、美工裱饰。

（5）单面涂布白板纸：为提高单面白板纸的档次，在机内进行涂布加工所得到的成品叫作单面涂布白板纸，故单面涂布白板纸的挂面（涂布纸）具有更高的平滑度和光泽度，其底面则与一般单面白板纸相同。

7.1.2　纸的规格、尺寸和计量

1. 印刷纸的规格

印刷纸的规格一般有两种：一种是平板纸，印刷界又称为单页纸，它是把“原纸”纸卷通过切纸机裁切成一定尺寸的单页纸的统称。平板纸用于单张纸印刷机。另一种是卷筒纸，这种纸多用于轮转印刷机。

2. 平板纸常用尺寸

根据我国国家标准（GB\T 147-2020）的规定，平板纸基本幅面规格如下。

860mm×1220mm LG 表示方法：RA0 LG

610mm×860mm LG 表示方法：RA1 LG

430mm×610mm LG 表示方法：RA2 LG

1220mm×860mm SG 表示方法：RAO SG

860mm×610mm SG 表示方法：RA1 SG

610mm×430mm SG 表示方法：RA2 SG

LG 和 SG 可以任选一种。

平板纸补充幅面规格如下。

900mm×1280mm LG 表示方法：SRAO LG

640mm×900mm LG 表示方法：SRA1 LG

450mm×640mm LG 表示方法：SRA2 LG

1280mm×900mm SG 表示方法：SRAO SG

900mm×640mm SG 表示方法：SRA1 SG

640mm×450mm SG 表示方法：SRA2 SG

LG 和 SG 可以任选一种。

3. 卷筒纸常用尺寸

卷筒纸宽度一般为 787mm、860mm、880mm、900mm、1000mm、1092mm、1230mm、1280mm、1400mm、1562mm、1575mm、1760mm、3100mm、5100mm 。

卷筒纸可以按订货合同规定执行。

7.1.3 印刷纸的计量单位

印刷纸的计量单位有令、方、件、吨，下面分别进行说明。

（1）令：是平板纸的专用计量单位，有一摞之意，是英文 ream 或 reams 的音译。我国规定 1 令等于定量相同、幅度一样的平板纸 500 张。国外进口的印刷用平板纸有四种情况，分别以 400 张、480 张、500 张、1000 张为一令。

（2）方：这个单位是我国专有的，即全张纸的二分之一，或者说 1 张纸等于 2 方。那么，一令纸等于 1000 方。

（3）件：是由若干令纸包在一起的计量单位，无严格的定义。每件纸的质量一般不超过 250g，以利于打包、搬运和储存。因纸的定量不同、令重不同，每件纸的令重也不一样。

（4）吨：即是公吨的简称，它以国际单位制千克（kg）为基本单位，1t=1000kg。

所谓令重，就是一令（500 张）纸的实际重量，单位是千克。

我国市场上供应的平板纸，一般以重量报价（元 /t），以令或张零售。每令纸的重量可由下列公式计算而得：

令重（kg）= 定量（g/m^2）× 纸的长度（m）× 宽度（m）×500/1000

7.1.4 CMYK的印刷模式与PANTONE专色印刷的异同点

CMYK 的印刷模式与 PANTONE 专色印刷都是使用油墨印刷。CMYK 的印刷模式是四色印刷方法，PANTONE 色是专门调制的单种类油墨色彩的印刷方法。

7.1.5 ISBN和ISSN

ISBN 代表国际标准书号，ISSN 代表标准期刊号。

版权页主要指 CIP 数据页，国家新闻出版部门的准印、发行的各类型数据。

7.2 技术应用与工作流程中的常见问题

1. 全纸张的常用裁切开数及其尺寸

根据国家标准，全纸张有 A 系列 890mm×1240mm 和 900mm×1280mm，以及 B 系列 1000mm×1400mm 等两种规格三种尺寸，常用的裁切开数及幅面规格尺寸（裁切后纸张的实际尺寸），如表 7-1 所示。

表 7-1　全纸张开料常用开数规格尺寸

开数	A 系列	A 系列	B 系列 1000×1400	开数	A 系列	A 系列	B 系列 1000×1400
2	885×616	896×636	996×696	24	219×201	221×07	246×227
3	885×409	896×423	996×463	25	242×172	250×174	274×194
4	616×441	636×446	696×496	32	216×149	221×154	246×167
5	441×409	446×423	496×463	36	201×142	207×144	227×161
6	441×308	446×314	496×346	50	172×114	176×118	196×130
7	304×293	316×94	346×329	64	147×103	152×105	167×117
8	304×216	316×21	346×246	100	114×79	118×80	130×90
9	242×216	250×221	274×246	128	103×68	105×70	117×76

2. 折页的方式与规定

折页的方式是根据页张版面排列形式而定的，即怎样排版就怎样进行折叠。页张版面的排列是根据书刊装订形式和折页机的设计形式而进行编排的，如平装折出的书帖是依页码顺序重叠后成册的，而骑马订装的书帖折后最大页码和最小页码同在一贴上，是依顺序套贴成册的；而折页机设计形式的不同又迫使排版要符合其折叠的规律。

（1）正折：正折是指在折页的垂直交叉折（少部分平行折）中、以顺时针方向折叠的方法，如图 7-1（a）所示。

（2）反折：反折是指在折页的垂直交叉折中以顺时针逆行的反方向进行折叠的方法，与正折形成相对方向的折法，如图 7-1（b）所示。

（3）正反折：正反折是指在一张书帖内既有正折又有反折的方法，正反折在折叠时一般均是先正折后反折，如 4 折页就有前 2、3 折是正折、后 1、2 折是反折折成的书帖。

（4）单联折：单联折是指折成书帖后的幅面就是一本书中的一帖规格，如图 7-2（a）所示。

（5）双联折：双联折是指书帖折后成为长形的上下两贴联在一起的书帖；双联书帖可进行双本加工，也可以断开后做单本的加工，如图 7-2（b）所示。

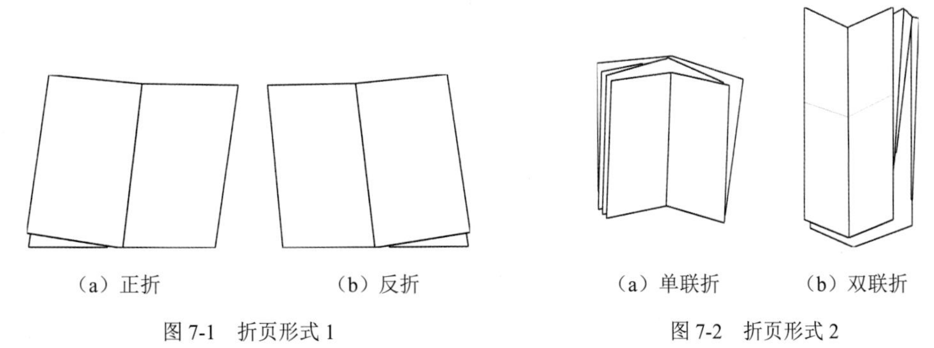

（a）正折　（b）反折

图 7-1　折页形式 1

（a）单联折　（b）双联折

图 7-2　折页形式 2

3. 摆放手工折页垂直交叉折的页张

（1）折 2 折页（即 4 页 8 版）时，取最大页码或最小页码放在左手下方页张的下面，如图 7-3（a）所示。

（2）折 3 折页（即 8 页 16 版）时，取最大页码或最小页码放在左手下方（靠身）页张的下面，如图 7-3（b）所示。

（3）折 4 折页（即 16 页 32 版）时，取最大页码或最小页码放在左手下方（靠身）第二版页张下面，如图 7-3（c）所示。

2	3
1	4

（a）2 折摆放位置

7	12	11	6
2	15	14	3

（b）3 折摆放位置

10	6	7	11
23	26	27	22
18	31	30	19
15	2	3	14

（c）4 折摆放位置

图 7-3　手工折页的摆放

4. 数字打样的印前检查工作流程

（1）处理好屏幕色彩管理与印刷工艺的关系。

① 检查色彩管理的量化指标是否符合印刷工艺技术流程。

② 印刷工序的稳定性直接影响印前色彩管理的效果。

③ 认识直接影响色彩的因素：显示器校准、扫描仪的色彩管理、数码打样，都是采用印刷色彩管理曲线 ICC 文件。

（2）检查软打样：将网络数据（已做好的符合印刷工艺的文件）传输进计算机，该文件置入与之相应的软件进行检查，即印前制版基础检查的所有内容。

① CMYK 四色角线（出血线）。

② 正反套注意角线套准。

③ 文字、图像是否对位链接（图文转曲）。

5. 图书拼版的折手流水号

折手流水号是指全书内文页数的自然顺序编号（不包括封面底），从内文第 1 页算起。

6. 一本样书为 4 个印张，正反套印，其对开版有几个

一共有 8 个对开版，一正一反（两面印刷）（即 2 个对开版，以此类推，四正四反就有 8 个对开版）。

7. 全介质数字短版印刷的长处和全介质个性印刷的个性语言

“个性化”是全介质数码短版印刷的长处，“一本多材”是全介质个性印刷的个性语言。

8. 全介质数字短版印刷中的“一本多材”

同一印刷品采用不同介质的材料，如不同纸质，或其他材质，或各种材质混合装订。

9. 普通印刷品印后加工技术

（1）上光。

上光一般可分为全面上光和局部上光两大类。全面上光可增加纸张表面亮度质感及印纹的耐磨强度，大部分平装书封面及精装书的封面、书皮均采用全面上光。

（2）覆膜。

一般可分为覆光膜和覆哑膜，精装书的封面、书皮多采用此工艺。

（3）烫金。

烫金又名烫印。是用金属制的锌凸版或铜凸版为印刷版，在烫印前先将印刷版用加热器加热，然后再在被印物上放置烫金纸（烫金纸是在染色的铝箔上涂以热熔胶膜而制成），烫印时金属凸版的热力通过与印纹部分接触的烫金纸而将热熔胶熔解，将压烫过的颜色金箔固著于被印物上。

（4）烫漆。

烫漆和烫金原理与印制过程完全相同，只是将染色铝箔改为不透明的漆料薄膜制成烫漆纸。

（5）压金口。

压金口俗称书边烫金。其做法和木雕品贴金箔的过程一样，先将安金漆涂刷于书的天、地、书口三边，等安金漆干燥后，再将金箔拍压在书边上即告完成。

（6）刷色、喷色。

西式的图书为了防止典藏时尘埃堆积在书的天边，常将书籍的天边或三边涂刷上颜色，以防止灰尘造成的书边污损。

（7）压凸。

压凸属于凸版印刷的一种形式。

（8）轧型。

轧型又名“模切”，一般的切纸机只能做直线的裁切，遇到印刷品需要切圆弧线、不规则曲线、开窗、压折线、裂线时，就必须采用此种方式来处理。

（9）修圆角。

常见书刊的书角或名片的边角都呈直角，但有些书的书角和名片边角却是圆弧角，其主要原因是在印刷后经过修圆刀修切过，此种加工方式即称为“修圆角”。

（10）打裂线。

有些印刷品为了便于撕开，在欲撕开处用排针打出一条裂线，如票券、收据正副联等印刷品。

（11）打齿孔。

另一种便于撕开印刷品的方法即是打齿孔。例如，最常见的有邮票的齿孔、纪念票、书画券的齿孔等。

课后训练题答案检索

第 1 章　数字设计与印前技术工艺

一、填空题

1. 现代 长版
2. preflight 一丝不苟
3. pantone CMYK

二、选择题

1. B
2. A
3. C

第 2 章　出 版 印 刷

一、填空题

1. 国际标准书号（ISBN） 图书分类—种次号　ISBN
2. 标准期刊号　一系列
3. 版权页　CIP 数据　书号　条形码

二、选择题

1. B
2. A
3. A

第 3 章　数 字 印 刷

一、填空题

1. 喷墨打印　墨滴　图像文字
2. 压电喷墨技术　热喷墨技术　墨点
3. 印品订单内容的多样化　印品设计形式需求的个性化

二、选择题

1. B
2. A
3. B

第 4 章　全介质数字印刷技术与工艺

一、填空题

1. 无　胶
2. 实现完美创意　性能优异　使用成本低　操作简易
3. 无

二、选择题

1. A　B　D　E

1）A　C　D

2）A

2. A
3. C

第 5 章　全介质数字印花设计与工艺

一、填空题

1. RGB 色彩模式　100 ～ 150 像素
2. 1 ～ 2cm　1cm

二、思考题

不同点：材质、设计工艺。

相同点：数码技术、设计方法。

参考文献

[1] 丘星星．新媒体互动设计教程 [M]．北京：清华大学出版社，2019．
[2] 丘星星．新媒体技术与艺术互动设计 [M]．台北：台湾艺术家出版社，2016．
[3] 丘星星，王秀君．印刷工艺实用教程 [M]．北京：清华大学出版社，2010．
[4] 丘星星．出版印刷设计 [M]．福州：福建美术出版社，2005．
[5] 纪培红，鞠成民．造纸工艺与技术 [M]．北京：化学工业出版社，2008．
[6] 张改梅．纸盒和纸袋印刷 300 问 [M]．北京：化学工业出版，2005．
[7] 刘丽．印刷工艺设计 [M]．武汉：湖北美术出版社，2006．
[8] 哈斯拉姆．书籍设计 [M]．钟晓楠，译．北京：中国青年出版社，2007．